Come progettare e installare sistemi idroponici per la casa

Una guida fai-da-te per il giardinaggio indoor, i giardini verticali e la coltivazione sostenibile di ortaggi

Alex Pierre

Copyright © 2024 by Alex Pierre

Tutti i diritti riservati. Nessuna parte di questa pubblicazione può essere riprodotta, distribuita o trasmessa in qualsiasi forma o con qualsiasi mezzo, incluso fotocopiatura, registrazione o altri metodi elettronici o meccanici, senza la previa autorizzazione scritta dell'autore, ad eccezione dei casi di brevi citazioni incluse in recensioni critiche e altri specifici usi non commerciali consentiti dalla legge sul copyright.

Indice dei contenuti

Introduzione

Capitolo 1: Introduzione all'idroponica
  - Cos'è l'idroponica e perché è importante
  - Vantaggi della coltivazione idroponica in casa
  - Miti comuni sull'idroponica sfatati

Capitolo 2: Principi fondamentali dell'idroponica
  - Nutrienti essenziali per le piante
  - pH e conducibilità elettrica (EC)
  - Ossigenazione e circolazione dell'acqua

Capitolo 3: Tipi di sistemi idroponici per uso domestico
  - Sistema a stoppino (Wick)
  - Sistema a flusso e riflusso (Ebb and Flow)
  - Sistema NFT (Nutrient Film Technique)
  - Sistema DWC (Deep Water Culture)
  - Sistema aeroponica
  - Sistema a goccia (Drip)

Capitolo 4: Progettazione del tuo sistema idroponico
  - Valutazione dello spazio disponibile
  - Scelta del sistema più adatto alle tue esigenze
  - Calcolo del budget e dei materiali necessari

Capitolo 5: Componenti essenziali per il tuo sistema idroponico
  - Contenitori e supporti per le piante
  - Pompe e sistemi di aerazione
  - Illuminazione artificiale per la crescita indoor
  - Timer e controlli automatizzati

Capitolo 6 : Installazione passo-passo del tuo sistema idroponico
- Preparazione dell'area di coltivazione
- Montaggio del sistema di supporto
- Installazione dell'impianto idraulico ed elettrico
- Test e regolazione del sistema

Capitolo 7: Scelta e cura delle piante per il tuo giardino idroponico
- Verdure ideali per la coltivazione idroponica
- Erbe aromatiche e piante ornamentali
- Tecniche di germinazione e trapianto
- Gestione della crescita e potatura

Capitolo 8: Nutrizione e manutenzione del sistema
- Preparazione e dosaggio della soluzione nutritiva
- Monitoraggio e regolazione di pH ed EC
- Pulizia e manutenzione regolare del sistema
- Risoluzione dei problemi comuni

Capitolo 9: Giardini verticali idroponici
- Design e costruzione di pareti verdi
- Sistemi modulari per spazi ridotti
- Integrazione con l'arredamento interno

Capitolo 10: Coltivazione sostenibile e risparmio energetico
- Utilizzo di energie rinnovabili nell'idroponica
- Raccolta dell'acqua piovana e riciclo dell'acqua
- Compostaggio dei rifiuti vegetali

Capitolo 11: Raccolta e conservazione dei prodotti
- Tecniche di raccolta per massimizzare la resa
- Conservazione e trasformazione dei prodotti in eccesso
- Pianificazione della rotazione delle colture

Capitolo 12 : Progetti avanzati di idroponica domestica
- Sistemi acquaponici: integrazione con l'allevamento di pesci
- Automazione con sensori e controllo remoto
- Scalare il tuo sistema per una produzione maggiore

Capitolo 13: Aspetti legali e sicurezza
- Regolamenti locali sulla coltivazione indoor
- Sicurezza elettrica e prevenzione delle perdite d'acqua
- Utilizzo sicuro dei nutrienti e dei prodotti per la cura delle piante

Capitolo 14: Risorse e comunità
- Fornitori affidabili di attrezzature idroponiche
- Forum online e gruppi di supporto
- Corsi e workshop sull'idroponica

Conclusione

Appendici
A. Glossario dei termini idroponici
B. Tabelle di riferimento per nutrienti e pH
C. Calendario di coltivazione per diverse verdure
D. Schemi di montaggio per sistemi idroponici fai-da-te

Introduzione

Hai mai sognato di coltivare i tuoi ortaggi, erbe aromatiche e frutta tutto l'anno, anche senza un giardino? Forse sei rimasto affascinato da questi moderni sistemi di coltivazione che sembrano usciti da un film di fantascienza, dove le piante crescono senza terra, nutrite solo da acqua arricchita di sostanze nutritive? Ci sono passato anch'io e capisco sia l'attrattiva dell'idroponica che l'incertezza che accompagna l'avvio di un tale progetto.

Come molti appassionati di giardinaggio e sostenitori della sostenibilità, ho a lungo considerato la creazione di un sistema idroponico un compito riservato a esperti di orticoltura o scienziati. L'idea di progettare un sistema funzionale ed efficiente, scegliere i giusti nutrienti e l'illuminazione appropriata, garantendo al contempo una crescita ottimale delle piante, sembrava una sfida complessa che solo i professionisti potevano affrontare. Ma ho scoperto il mondo accessibile e gratificante dell'idroponica domestica, e questo ha trasformato non solo il mio modo di coltivare, ma anche il mio approccio all'autosufficienza alimentare.

Immagina di raccogliere pomodori freschi e saporiti nel bel mezzo dell'inverno, o di avere erbe aromatiche profumate tutto l'anno, il tutto dal comfort del tuo soggiorno. Visualizza l'orgoglio che proverai sapendo di aver progettato e installato tu stesso questo giardino interno high-tech. Pensa all'ammirazione dei tuoi amici e familiari quando scopriranno la tua oasi di verde nel cuore della città. Con "Come progettare e installare sistemi idroponici per la casa", acquisirai le conoscenze e le competenze necessarie per trasformare questa visione in realtà.

Questa guida completa è progettata per fornirti strategie di esperti, consigli interni e istruzioni passo passo per creare il tuo sistema idroponico ideale, dalla concezione all'installazione. Che tu sia un principiante del giardinaggio alla ricerca di nuovi metodi di coltivazione o un giardiniere esperto che mira a massimizzare la propria produzione, questo libro ti guiderà dall'ispirazione alla realizzazione.

Ecco cosa scoprirai in queste pagine:
- La storia affascinante e l'evoluzione dell'idroponica
- Come i sistemi idroponici possono migliorare significativamente la tua qualità di vita e ridurre la tua impronta ecologica
- Considerazioni essenziali per pianificare il tuo sistema idroponico in base al tuo spazio e alle tue esigenze
- Tecniche per selezionare l'attrezzatura e i materiali giusti per garantire l'efficienza e la longevità del tuo sistema
- Segreti per incorporare elementi creativi che renderanno unica la tua installazione
- Consigli passo passo per costruire diversi tipi di sistemi idroponici, dal più semplice al più sofisticato
- Opinioni di esperti sulla gestione dei nutrienti e l'ottimizzazione dell'illuminazione
- Suggerimenti per la risoluzione dei problemi comuni nell'idroponica
- Strategie professionali per mantenere il tuo sistema idroponico nel corso delle stagioni
- Idee creative per diversificare le tue colture e sperimentare nuove tecniche

Investendo in questa guida, non stai solo acquistando un libro - stai sbloccando il potenziale per coltivare il tuo cibo tutto l'anno, ridurre il tuo impatto ambientale e forse anche ispirare altri ad adottare metodi di coltivazione sostenibili. Risparmierai denaro sull'acquisto di costosi prodotti freschi e otterrai la soddisfazione di coltivare qualcosa di veramente personale e unico.

Quindi, perché accontentarsi del giardinaggio tradizionale limitato dalle stagioni e dallo spazio quando puoi diventare un esperto di idroponica domestica? Immergiti in questa guida ora e scopri come pianificare, creare e installare il sistema idroponico definitivo. Sei pronto a intraprendere un'avventura che combina tecnologia, sostenibilità e produzione alimentare? Iniziamo insieme questo emozionante viaggio e sveliamo i segreti della creazione di sistemi idroponici domestici di qualità professionale.

Capitolo 1
Introduzione all'idroponica

Cos'è l'idroponica e perché è importante

L'idroponica è un metodo di coltivazione innovativo che permette di far crescere le piante senza terra, utilizzando soluzioni nutritive in acqua. Questa tecnica offre numerosi vantaggi rispetto all'agricoltura tradizionale e sta diventando sempre più popolare sia per uso domestico che commerciale.

Perché l'idroponica è importante:

1. Efficienza nell'uso delle risorse: L'idroponica utilizza fino al 90% in meno di acqua rispetto all'agricoltura tradizionale, rendendola una scelta eccellente per la conservazione delle risorse idriche.

2. Produzione tutto l'anno: Indipendentemente dalle condizioni climatiche esterne, puoi coltivare piante in qualsiasi momento dell'anno.

3. Spazio ridotto: Ideale per ambienti urbani o con spazio limitato, l'idroponica permette di coltivare verticalmente, massimizzando la produzione in aree ristrette.

4. Controllo totale dell'ambiente: Puoi regolare con precisione nutrienti, pH e illuminazione per ottimizzare la crescita delle piante.

5. Riduzione di pesticidi: L'ambiente controllato riduce la necessità di pesticidi, producendo alimenti più sani e rispettosi dell'ambiente.

Processo passo passo per iniziare con l'idroponica:

1. Scelta del sistema:
 - Inizia con un sistema semplice come il Deep Water Culture (DWC) per familiarizzare con l'idroponica.
 - Materiali necessari: contenitore opaco, coperchio, cestelli per piante, pompa dell'aria, pietra porosa.

2. Preparazione della soluzione nutritiva:
 - Acquista una soluzione nutritiva bilanciata per idroponica.
 - Mescola con acqua seguendo le istruzioni del produttore.
 - Misura e regola il pH tra 5,5 e 6,5 usando regolatori di pH.

3. Allestimento del sistema:
 - Fora il coperchio del contenitore per inserire i cestelli delle piante.
 - Riempi il contenitore con la soluzione nutritiva.
 - Installa la pompa dell'aria e la pietra porosa per ossigenare la soluzione.

4. Avvio delle piante:
 - Usa spugne di propagazione o lana di roccia per far germinare i semi.
 - Quando le piantine hanno sviluppato radici, trasferiscile nei cestelli.

5. Manutenzione:
 - Controlla quotidianamente il livello dell'acqua e rabbocca secondo necessità.
 - Monitora il pH e l'EC (conducibilità elettrica) della soluzione ogni 2-3 giorni.
 - Cambia completamente la soluzione ogni 2-3 settimane.

6. Monitoraggio della crescita:
- Osserva le piante per segni di carenze nutritive o malattie.
- Regola l'illuminazione in base alle esigenze delle piante.

Consigli per la risoluzione dei problemi:

1. Crescita lenta o stentata:
- Controlla i livelli di nutrienti e pH.
- Verifica che l'illuminazione sia adeguata.
- Assicurati che la temperatura dell'ambiente sia ottimale.

2. Foglie ingiallite:
- Potrebbe indicare una carenza di ferro o azoto.
- Regola la soluzione nutritiva o usa integratori specifici.

3. Marciume radicale:
- Aumenta l'ossigenazione dell'acqua.
- Pulisci il sistema e sostituisci la soluzione nutritiva.
- Considera l'uso di enzimi benefici o perossido di idrogeno per prevenire la formazione di alghe.

4. Bruciature sulle foglie:
- Potrebbe essere causato da un'eccessiva concentrazione di nutrienti.
- Diluisci la soluzione nutritiva e monitora l'EC.

5. Piante filate o allungate:
- Aumenta l'intensità luminosa o avvicina le luci alle piante.
- Considera l'uso di reti di supporto per piante rampicanti.

6. Presenza di insetti:
- Usa trappole adesive per il monitoraggio.
- Applica sapone insetticida o olio di neem come rimedio naturale.

- In casi gravi, considera l'uso di predatori benefici come coccinelle.

Ricorda, l'idroponica richiede pazienza e pratica. Non scoraggiarti se incontri difficoltà iniziali: ogni sfida è un'opportunità per imparare e migliorare le tue competenze. Con il tempo e l'esperienza, sarai in grado di creare un sistema idroponico altamente produttivo e gratificante.

Sperimentare con diversi tipi di piante e sistemi ti aiuterà a trovare la configurazione ideale per le tue esigenze. Non esitare a consultare forum online o gruppi locali di appassionati di idroponica per consigli e supporto. La comunità idroponica è generalmente molto accogliente e felice di condividere conoscenze ed esperienze.

Con dedizione e cura, il tuo giardino idroponico diventerà una fonte di orgoglio e una risorsa preziosa per la tua casa, fornendoti prodotti freschi e sani tutto l'anno.

Vantaggi della coltivazione idroponica in casa

La coltivazione idroponica domestica offre numerosi vantaggi che la rendono un'opzione attraente per gli appassionati di giardinaggio e per chi cerca un modo sostenibile di produrre cibo. Ecco un'analisi approfondita dei principali benefici:

1. Risparmio di spazio
   - L'idroponica permette di coltivare verticalmente, massimizzando l'uso dello spazio disponibile.
   - Ideale per appartamenti, balconi o piccoli spazi interni.

2. Produzione tutto l'anno
   - Indipendenza dalle stagioni e dalle condizioni meteorologiche esterne.
   - Possibilità di coltivare specie non autoctone o fuori stagione.

3. Risparmio idrico
   - Utilizza fino al 90% in meno di acqua rispetto alla coltivazione tradizionale.
   - L'acqua viene riciclata nel sistema, riducendo gli sprechi.

4. Crescita più rapida
   - Le piante crescono fino al 25% più velocemente grazie all'accesso diretto ai nutrienti.
   - Cicli di produzione più brevi significano raccolti più frequenti.

5. Controllo totale dell'ambiente
   - Regolazione precisa di nutrienti, pH, luce e temperatura.
   - Riduzione del rischio di malattie e parassiti.

6. Produzione di cibo più pulito
- Eliminazione dell'uso di pesticidi e erbicidi.
- Riduzione del rischio di contaminazione da batteri del suolo.

7. Meno fatica fisica
- Nessuna necessità di zappare, diserbare o lavorare il terreno.
- Sistemi possono essere posizionati ad altezza ergonomica.

8. Apprendimento e soddisfazione personale
- Opportunità di imparare nuove tecniche di coltivazione.
- Gratificazione nel produrre il proprio cibo.

Processo passo-passo per iniziare la coltivazione idroponica in casa:

1. Pianificazione:
- Scegli lo spazio da dedicare al sistema idroponico.
- Decidi quali piante vuoi coltivare (verdure a foglia, erbe, pomodori, ecc.).

2. Scelta del sistema:
- Per principianti, consigliamo di iniziare con un sistema DWC (Deep Water Culture) o un sistema a stoppino.
- Materiali necessari: contenitore, coperchio, cestelli per piante, pompa dell'aria, pietra porosa.

3. Preparazione del sistema:
- Pulisci accuratamente tutti i componenti.
- Fora il coperchio per inserire i cestelli delle piante.
- Installa la pompa dell'aria e la pietra porosa nel contenitore.

4. Preparazione della soluzione nutritiva:
- Acquista una soluzione nutritiva bilanciata per idroponica.
- Mescola con acqua seguendo le istruzioni del produttore.
- Misura e regola il pH tra 5,5 e 6,5.

5. Avvio delle piante:
- Usa cubetti di lana di roccia o spugne di propagazione per far germinare i semi.
- Posiziona le piantine germogliate nei cestelli.

6. Illuminazione:
- Scegli luci LED a spettro completo per la crescita indoor.
- Posiziona le luci a circa 15-30 cm sopra le piante, regolando l'altezza man mano che crescono.

7. Manutenzione:
- Controlla quotidianamente il livello dell'acqua e i parametri della soluzione.
- Cambia completamente la soluzione ogni 2-3 settimane.
- Monitora la crescita delle piante e pota quando necessario.

Consigli per la risoluzione dei problemi:

1. Problema: Crescita lenta o stentata
Soluzione:
- Verifica i livelli di nutrienti e pH.
- Assicurati che l'illuminazione sia adeguata (12-16 ore al giorno).
- Controlla la temperatura dell'ambiente (idealmente tra 18-24°C).

2. Problema: Foglie ingiallite
Soluzione:
- Potrebbe indicare una carenza di ferro o azoto.
- Aggiungi integratori specifici alla soluzione nutritiva.
- Verifica che il pH non sia troppo alto, impedendo l'assorbimento di nutrienti.

3. Problema: Marciume radicale
Soluzione:
- Aumenta l'ossigenazione dell'acqua aggiungendo una pompa dell'aria più potente.
- Pulisci il sistema e sostituisci completamente la soluzione nutritiva.
- Aggiungi perossido di idrogeno (3%) alla soluzione (1 ml per litro) per prevenire la crescita di alghe.

4. Problema: Piante filate o allungate
Soluzione:
- Aumenta l'intensità luminosa o avvicina le luci alle piante.
- Considera l'uso di reti di supporto per piante rampicanti.
- Pota regolarmente per incoraggiare una crescita più cespugliosa.

5. Problema: Presenza di insetti
Soluzione:
- Usa trappole adesive gialle per monitorare e catturare insetti volanti.
- Applica sapone insetticida o olio di neem come rimedio naturale.
- In casi gravi, considera l'introduzione di predatori benefici come coccinelle.

6. Problema: Accumulo di sali
Soluzione:
- Effettua regolarmente il "flushing" del sistema con acqua pura per rimuovere l'accumulo di sali.
- Monitora l'EC (conducibilità elettrica) della soluzione e mantienila nei range consigliati per le tue piante.

Ricorda, la coltivazione idroponica in casa richiede pazienza e pratica. Non scoraggiarti se incontri difficoltà iniziali: ogni sfida è un'opportunità per imparare e migliorare le tue competenze. Con il tempo, svilupperai un'intuizione per le esigenze delle tue piante e sarai in grado di ottimizzare il tuo sistema per ottenere raccolti abbondanti e di alta qualità.

La soddisfazione di raccogliere prodotti freschi e sani direttamente dalla tua coltivazione idroponica domestica è impareggiabile. Oltre ai benefici pratici, questo hobby può diventare una fonte di relax e connessione con la natura, anche vivendo in un ambiente urbano. Sperimenta con diverse varietà di piante e non esitare a condividere le tue esperienze con la comunità di appassionati di idroponica. Buona coltivazione!

Miti comuni sull'idroponica sfatati

L'idroponica è una tecnica di coltivazione innovativa che spesso è circondata da miti e concezioni errate. Sfatiamo questi miti e forniamo informazioni accurate per aiutarti a comprendere meglio questa affascinante metodologia di coltivazione.

1. Mito: Le piante idroponiche sono meno saporite di quelle coltivate nel terreno
   Realtà: Le piante idroponiche possono essere altrettanto saporite, se non di più, di quelle coltivate nel terreno.

Spiegazione: Il sapore dipende principalmente dalla genetica della pianta e dalla gestione dei nutrienti. Con l'idroponica, hai un controllo preciso sui nutrienti, permettendo di ottimizzare il sapore.

Consiglio pratico: Sperimenta con diverse concentrazioni di nutrienti per migliorare il sapore. Ad esempio, aumenta leggermente la concentrazione di potassio durante la fase di fruttificazione per pomodori più dolci.

2. Mito: L'idroponica è innaturale e produce alimenti meno sani
   Realtà: I prodotti idroponici sono altrettanto sani e naturali di quelli coltivati nel terreno.

Spiegazione: L'idroponica semplicemente fornisce i nutrienti direttamente alle radici, bypassando il suolo. Le piante assorbono gli stessi nutrienti che assorbirebbero dal terreno.

Consiglio pratico: Utilizza soluzioni nutritive organiche certificate per un approccio più naturale. Puoi preparare soluzioni fatte in casa utilizzando compost liquido o tè di compost.

3. Mito: L'idroponica è troppo complicata per i principianti
Realtà: Esistono sistemi idroponici adatti a tutti i livelli di esperienza, inclusi i principianti.

Spiegazione: Mentre alcuni sistemi avanzati possono essere complessi, esistono molte opzioni semplici per iniziare.

Consiglio pratico: Inizia con un sistema DWC (Deep Water Culture) o un sistema a stoppino. Ecco un processo passo-passo per un sistema DWC semplice:

1. Procura un contenitore opaco da 20 litri e un coperchio.
2. Fora il coperchio per inserire 3-4 cestelli per piante.
3. Riempi il contenitore con soluzione nutritiva.
4. Inserisci una pompa dell'aria con pietra porosa.
5. Posiziona le piantine nei cestelli con argilla espansa.
6. Monitora il pH e i livelli di nutrienti settimanalmente.

4. Mito: L'idroponica richiede molta elettricità ed è costosa
Realtà: L'idroponica può essere molto efficiente dal punto di vista energetico e economicamente vantaggiosa nel lungo termine.

Spiegazione: Mentre i sistemi più grandi possono richiedere più energia, i sistemi domestici sono generalmente efficienti.

Consiglio pratico: Utilizza luci LED a basso consumo e temporizzatori per ottimizzare l'uso dell'energia. Calcola il costo iniziale e confrontalo con il risparmio a lungo termine sulla spesa alimentare.

5. Mito: Le piante idroponiche sono più suscettibili alle malattie
Realtà: Le piante idroponiche possono essere meno suscettibili alle malattie se il sistema è gestito correttamente.

Spiegazione: L'ambiente controllato dell'idroponica può ridurre molti problemi comuni associati al suolo.

Consiglio pratico: Mantieni l'igiene del sistema. Ecco alcuni passaggi:
1. Pulisci regolarmente tutte le parti del sistema con una soluzione di acqua e perossido di idrogeno al 3%.
2. Cambia completamente la soluzione nutritiva ogni 2-3 settimane.
3. Monitora la salute delle piante quotidianamente e isola immediatamente quelle sospette.

6. Mito: L'idroponica produce solo verdure a foglia
Realtà: L'idroponica può produrre una vasta gamma di colture, inclusi frutti e ortaggi.

Spiegazione: Con il giusto sistema e nutrienti, quasi tutto può essere coltivato idroponicamente.

Consiglio pratico: Sperimenta con diverse colture. Ecco alcune idee:
- Verdure a foglia: lattuga, spinaci, bietole
- Erbe: basilico, menta, prezzemolo

- Frutti: pomodori ciliegini, peperoncini, fragole
- Ortaggi: cetrioli, zucchine nane, melanzane compatte

Risoluzione dei problemi comuni:

1. Problema: Crescita algale nella soluzione nutritiva
Soluzione:
- Copri tutte le parti esposte del sistema per bloccare la luce.
- Aggiungi perossido di idrogeno al 3% (1 ml per litro di soluzione) settimanalmente.

2. Problema: pH instabile
Soluzione:
- Usa un tampone pH per stabilizzare la soluzione.
- Controlla e regola il pH più frequentemente, idealmente ogni giorno.

3. Problema: Radici scure o maleodoranti
Soluzione:
- Aumenta l'ossigenazione aggiungendo una pompa dell'aria più potente.
- Usa enzimi benefici o trattamenti a base di trichoderma per promuovere la salute delle radici.

4. Problema: Nutrienti che si cristallizzano sui supporti di crescita
Soluzione:
- Riduci leggermente la concentrazione dei nutrienti.
- Sciacqua periodicamente i supporti di crescita con acqua pura.

5. Problema: Piante che crescono in modo disomogeneo
Soluzione:
- Assicurati che tutte le piante ricevano luce uniforme, ruotandole se necessario.
- Verifica che il flusso di nutrienti sia uniforme in tutto il sistema.

Ricorda, l'idroponica è un metodo di coltivazione versatile e gratificante. Non lasciarti scoraggiare dai miti o dalle sfide iniziali. Con la pratica e la pazienza, scoprirai i numerosi vantaggi di questa tecnica innovativa. Sperimenta, impara dai tuoi errori e goditi il processo di diventare un coltivatore idroponico esperto. Buona coltivazione!

Capitolo 2
Principi fondamentali dell'idroponica

Nutrienti essenziali per le piante

I nutrienti sono fondamentali per la crescita e lo sviluppo delle piante in un sistema idroponico. A differenza della coltivazione tradizionale, dove le piante ottengono i nutrienti dal suolo, nell'idroponica dobbiamo fornire tutti gli elementi essenziali attraverso la soluzione nutritiva.

Nutrienti Macroessenziali:
1. Azoto (N): Fondamentale per la crescita fogliare e la produzione di clorofilla.
2. Fosforo (P): Importante per lo sviluppo radicale e la fioritura.
3. Potassio (K): Essenziale per la resistenza alle malattie e la qualità dei frutti.
4. Calcio (Ca): Necessario per la struttura cellulare e la crescita delle radici.
5. Magnesio (Mg): Componente chiave della clorofilla.
6. Zolfo (S): Importante per la sintesi proteica.

Nutrienti Microessenziali:
1. Ferro (Fe): Cruciale per la fotosintesi e la produzione di clorofilla.
2. Manganese (Mn): Aiuta nella fotosintesi e nella formazione di clorofilla.
3. Boro (B): Importante per la fioritura e la formazione dei frutti.
4. Zinco (Zn): Necessario per la produzione di enzimi e ormoni di crescita.

5. Rame (Cu): Essenziale per la fotosintesi e il metabolismo delle piante.
6. Molibdeno (Mo): Importante per la fissazione dell'azoto.

Processo passo-passo per la preparazione e gestione della soluzione nutritiva:

1. Scelta della soluzione nutritiva:
   - Acquista una soluzione nutritiva bilanciata specifica per idroponica.
   - Scegli tra soluzioni a due parti (A e B) o a tre parti per un maggiore controllo.

2. Preparazione dell'acqua:
   - Usa acqua filtrata o lascia riposare l'acqua del rubinetto per 24 ore per far evaporare il cloro.
   - Misura il pH iniziale dell'acqua.

3. Miscela dei nutrienti:
   - Segui attentamente le istruzioni del produttore per il dosaggio.
   - Aggiungi prima la parte A, mescola bene, poi aggiungi la parte B.
   - Se usi una soluzione a tre parti, aggiungi la parte C per ultima.

4. Regolazione del pH:
   - Misura il pH della soluzione con un misuratore di pH.
   - Regola il pH tra 5,5 e 6,5 usando regolatori di pH (acido o basico).
   - Aggiungi piccole quantità alla volta, mescolando e rimisurando.

5. Misurazione dell'EC (Conducibilità Elettrica):
- Usa un misuratore di EC per verificare la concentrazione dei nutrienti.
- Per la maggior parte delle piante, mira a un EC tra 1,2 e 2,0 mS/cm.

6. Monitoraggio e manutenzione:
- Controlla pH ed EC ogni 2-3 giorni.
- Rabbocca con acqua pura quando il livello scende.
- Aggiusta i nutrienti se l'EC diminuisce significativamente.

7. Cambio della soluzione:
- Sostituisci completamente la soluzione ogni 2-3 settimane.
- Pulisci il serbatoio prima di aggiungere la nuova soluzione.

Consigli per la risoluzione dei problemi:

1. Problema: Carenza di azoto (foglie inferiori gialle)
Soluzione:
- Aumenta leggermente la concentrazione di nutrienti.
- Verifica che il pH non sia troppo alto, impedendo l'assorbimento.

2. Problema: Carenza di ferro (foglie giovani gialle con venature verdi)
Soluzione:
- Aggiungi un integratore di ferro chelato.
- Assicurati che il pH sia inferiore a 6,5 per un migliore assorbimento del ferro.

3. Problema: Bruciature sulle punte delle foglie
Soluzione:
- Potrebbe indicare un'eccessiva concentrazione di nutrienti.
- Riduci l'EC della soluzione diluendola con acqua.

4. Problema: Crescita stentata generale
Soluzione:
- Controlla che tutti i macronutrienti siano presenti nella giusta proporzione.
- Verifica che la temperatura della soluzione sia intorno ai 20-22 °C.

5. Problema: Foglie arricciate o deformate
Soluzione:
- Potrebbe indicare una carenza di calcio o boro.
- Aggiungi un integratore di calcio-magnesio o un micronutriente completo.

6. Problema: Fioritura scarsa
Soluzione:
- Aumenta leggermente la concentrazione di fosforo e potassio.
- Assicurati che l'illuminazione sia adeguata per la fase di fioritura.

Ricorda, la gestione dei nutrienti nell'idroponica richiede attenzione e pratica. È importante osservare attentamente le tue piante e imparare a riconoscere i primi segni di carenze o eccessi nutritivi. Tieni un diario delle tue misurazioni e osservazioni per aiutarti a perfezionare la tua tecnica nel tempo.

Inoltre, considera l'uso di integratori specifici come stimolatori radicali o potenziatori della fioritura per ottimizzare ulteriormente la crescita delle tue piante. Sperimenta con cautela e fai piccole modifiche alla volta, dando alle piante il tempo di rispondere prima di fare ulteriori aggiustamenti.

Con pazienza e dedizione, imparerai a fornire alle tue piante la perfetta combinazione di nutrienti per una crescita rigogliosa e una produzione abbondante. Buona coltivazione!

pH e conducibilità elettrica (EC)

Il pH e la conducibilità elettrica (EC) sono due parametri fondamentali nella coltivazione idroponica. La loro corretta gestione è essenziale per garantire una crescita ottimale delle piante e prevenire problemi nutrizionali. Vediamo in dettaglio cosa sono e come gestirli.

1. pH nell'idroponica

Cos'è il pH:
Il pH è una misura dell'acidità o alcalinità della soluzione nutritiva. La scala va da 0 (molto acido) a 14 (molto alcalino), con 7 come valore neutro.

Perché è importante:
Il pH influenza direttamente la disponibilità dei nutrienti per le piante. Un pH non ottimale può rendere alcuni nutrienti non assorbibili, causando carenze anche se presenti nella soluzione.

Range ottimale:
Per la maggior parte delle piante, il pH ideale si situa tra 5,5 e 6,5.

Come misurare il pH:
1. Utilizza un misuratore di pH digitale o delle strisce reattive.
2. Calibra regolarmente il misuratore digitale seguendo le istruzioni del produttore.
3. Preleva un campione di soluzione nutritiva e misura il pH.
4. Registra i valori in un diario per monitorare le tendenze nel tempo.

Come regolare il pH:
- Per abbassare il pH: usa acido fosforico o acido citrico diluito.
- Per alzare il pH: usa idrossido di potassio o bicarbonato di sodio.

Processo passo-passo per regolare il pH:
1. Misura il pH attuale della soluzione.
2. Determina di quanto devi modificarlo.
3. Aggiungi una piccola quantità di regolatore di pH.
4. Mescola bene e attendi 15-20 minuti.
5. Rimisura il pH e ripeti se necessario.

2. Conducibilità Elettrica (EC)

Cos'è l'EC:
L'EC misura la concentrazione totale di sali disciolti nella soluzione nutritiva, indicando la forza complessiva dei nutrienti.

Perché è importante:
L'EC aiuta a determinare se la soluzione nutritiva è troppo concentrata o troppo diluita per le tue piante.

Come si misura:
L'EC si misura in millisiemens per centimetro (mS/cm) o in microsiemens per centimetro (µS/cm).

Range ottimale:
- Piantine e talee: 0,8-1,2 mS/cm
- Piante adulte: 1,2-2,0 mS/cm
- Piante in fioritura/fruttificazione: 1,8-2,4 mS/cm

Come misurare l'EC:
1. Usa un conduttivimetro digitale.
2. Calibra lo strumento regolarmente con una soluzione standard.
3. Immergi la sonda nella soluzione nutritiva e registra il valore.
4. Pulisci la sonda con acqua distillata dopo ogni utilizzo.

Come regolare l'EC:
- Per aumentare l'EC: aggiungi più soluzione nutritiva concentrata.
- Per diminuire l'EC: diluisci con acqua.

Processo passo-passo per regolare l'EC:
1. Misura l'EC attuale.
2. Calcola la differenza tra il valore attuale e quello desiderato.
3. Aggiungi gradualmente nutrienti o acqua.
4. Mescola bene e attendi 15-20 minuti.
5. Rimisura l'EC e ripeti se necessario.

Consigli pratici:
1. Misura pH ed EC almeno 2-3 volte a settimana, più spesso durante periodi di crescita intensa.
2. Mantieni un diario delle misurazioni per identificare tendenze nel tempo.
3. Regola prima l'EC, poi il pH, poiché le modifiche all'EC possono influenzare il pH.
4. Usa acqua a temperatura ambiente per le misurazioni, poiché la temperatura influenza i valori.

Risoluzione dei problemi comuni:

1. Problema: pH che fluttua rapidamente
Soluzione:
- Usa un tampone pH per stabilizzare la soluzione.
- Verifica la qualità dell'acqua di partenza, potrebbe essere necessario un filtro.

2. Problema: EC che aumenta costantemente
Soluzione:
- Controlla che non ci sia un'eccessiva evaporazione.
- Effettua cambi parziali della soluzione più frequentemente.
- Verifica che le piante non siano sovraconcimate.

3. Problema: Difficoltà nel mantenere un pH stabile
Soluzione:
- Usa acqua demineralizzata per preparare la soluzione nutritiva.
- Controlla l'alcalinità dell'acqua di partenza.
- Considera l'uso di acidi organici come regolatori di pH.

4. Problema: Letture EC incoerenti
Soluzione:
- Pulisci e ricalibrare il conduttivimetro.
- Assicurati che la soluzione sia ben miscelata prima della misurazione.
- Verifica che non ci siano depositi di sali nel sistema.

5. Problema: Sintomi di carenza nonostante EC e pH corretti
Soluzione:
- Verifica la temperatura della soluzione (ideale 18-22°C).
- Controlla l'ossigenazione della soluzione.
- Considera un'analisi dell'acqua per verificare la presenza di elementi indesiderati.

Ricorda, la gestione di pH ed EC è un'arte tanto quanto una scienza. Con la pratica, svilupperai un'intuizione per le esigenze specifiche delle tue piante. Non esitare a sperimentare leggermente con i valori per trovare l'equilibrio perfetto per ogni coltura. L'osservazione attenta delle piante, combinata con misurazioni regolari, ti aiuterà a diventare un esperto coltivatore idroponico. Buona coltivazione!

Ossigenazione e circolazione dell'acqua

L'ossigenazione e la circolazione dell'acqua sono elementi cruciali per il successo di un sistema idroponico. Questi processi garantiscono che le radici delle piante ricevano l'ossigeno necessario e che i nutrienti siano distribuiti uniformemente. Vediamo in dettaglio come funzionano e come implementarli efficacemente.

1. Importanza dell'ossigenazione

L'ossigeno disciolto nell'acqua è fondamentale per:
- La respirazione delle radici
- L'assorbimento efficiente dei nutrienti
- La prevenzione di malattie radicali

Un'adeguata ossigenazione può aumentare la resa delle colture fino al 30%.

2. Metodi di ossigenazione

a) Pompe dell'aria e pietre porose
   - Il metodo più comune e semplice
   - Crea bolle che diffondono ossigeno nella soluzione

b) Cascate d'acqua
   - Sfruttano il movimento dell'acqua per incorporare ossigeno
   - Efficaci in sistemi NFT (Nutrient Film Technique) e a flusso e riflusso

c) Iniezione di ossigeno puro
   - Metodo avanzato per sistemi di grandi dimensioni
   - Richiede attrezzature specializzate

3. Circolazione dell'acqua

La circolazione assicura:
- Distribuzione uniforme dei nutrienti
- Prevenzione di zone stagnanti
- Mantenimento di una temperatura costante

Metodi di circolazione:
a) Pompe sommergibili
b) Pompe esterne
c) Sistemi a gravità (per NFT e sistemi verticali)

4. Processo passo-passo per implementare l'ossigenazione e la circolazione in un sistema DWC (Deep Water Culture)

Materiali necessari:
- Contenitore da 20-30 litri
- Pompa dell'aria (30-60 L/h per 20 litri d'acqua)
- Pietra porosa
- Tubo dell'aria
- Soluzione nutritiva

Passaggi:
1. Pulisci accuratamente il contenitore e tutti i componenti.
2. Riempi il contenitore con la soluzione nutritiva, lasciando 5 cm di spazio dall'orlo.
3. Collega la pietra porosa al tubo dell'aria.
4. Collega l'altra estremità del tubo alla pompa dell'aria.
5. Posiziona la pietra porosa sul fondo del contenitore.
6. Posiziona la pompa dell'aria più in alto rispetto al livello dell'acqua per evitare il riflusso.
7. Accendi la pompa e verifica che le bolle siano distribuite uniformemente.

8. Regola il flusso d'aria se necessario.
9. Monitora regolarmente il funzionamento del sistema.

5. Consigli per ottimizzare l'ossigenazione e la circolazione

- Usa più pietre porose per una distribuzione uniforme dell'ossigeno.
- Mantieni la temperatura dell'acqua tra 18-22°C per massimizzare l'ossigeno disciolto.
- Pulisci regolarmente le pietre porose per prevenire l'accumulo di alghe.
- Considera l'aggiunta di una pompa di circolazione per sistemi più grandi.
- Usa tubi dell'aria opachi per prevenire la crescita di alghe.

6. Monitoraggio dell'ossigenazione

- Osserva le radici: devono essere bianche e vigorose.
- Usa un misuratore di ossigeno disciolto per controlli precisi (ideale: 6-8 mg/L).
- Controlla regolarmente il funzionamento delle pompe e dei diffusori.

7. Risoluzione dei problemi comuni

a) Problema: Bolle troppo grandi o insufficienti
Soluzione:
- Verifica che la pietra porosa non sia ostruita.
 - Pulisci la pietra porosa con una soluzione di acqua e perossido di idrogeno al 3%.
 - Sostituisci la pietra porosa se necessario.

b) Problema: Rumore eccessivo della pompa
Soluzione:
- Posiziona la pompa su un supporto antivibrante.
- Verifica che la pompa non sia danneggiata.
- Considera l'acquisto di una pompa più silenziosa.

c) Problema: Radici scure o maleodoranti
Soluzione:
- Aumenta immediatamente l'ossigenazione.
- Effettua un cambio parziale della soluzione nutritiva.
- Aggiungi perossido di idrogeno (1 ml al 3% per litro di soluzione) per un boost di ossigeno.

d) Problema: Crescita di alghe nel sistema
Soluzione:
- Copri tutte le parti esposte alla luce.
- Usa tubi e contenitori opachi.
- Pulisci regolarmente il sistema.

e) Problema: Temperatura dell'acqua troppo alta
Soluzione:
- Sposta il sistema in un'area più fresca.
- Considera l'uso di un chiller per sistemi più grandi.
- Aggiungi ghiaccio in bottiglie sigillate per un raffreddamento temporaneo.

f) Problema: Circolazione insufficiente in sistemi grandi
Soluzione:
- Aggiungi una pompa di circolazione supplementare.
- Verifica che non ci siano ostruzioni nel sistema.
- Riprogetta il layout per migliorare il flusso naturale.

Ricorda, l'ossigenazione e la circolazione dell'acqua sono fondamentali per la salute delle tue piante. Un sistema ben ossigenato promuove una crescita vigorosa e previene molti problemi comuni nell'idroponica. Sii attento ai segnali che le tue piante ti danno e non esitare a fare aggiustamenti quando necessario. Con la pratica, troverai l'equilibrio perfetto per il tuo sistema idroponico. Buona coltivazione!

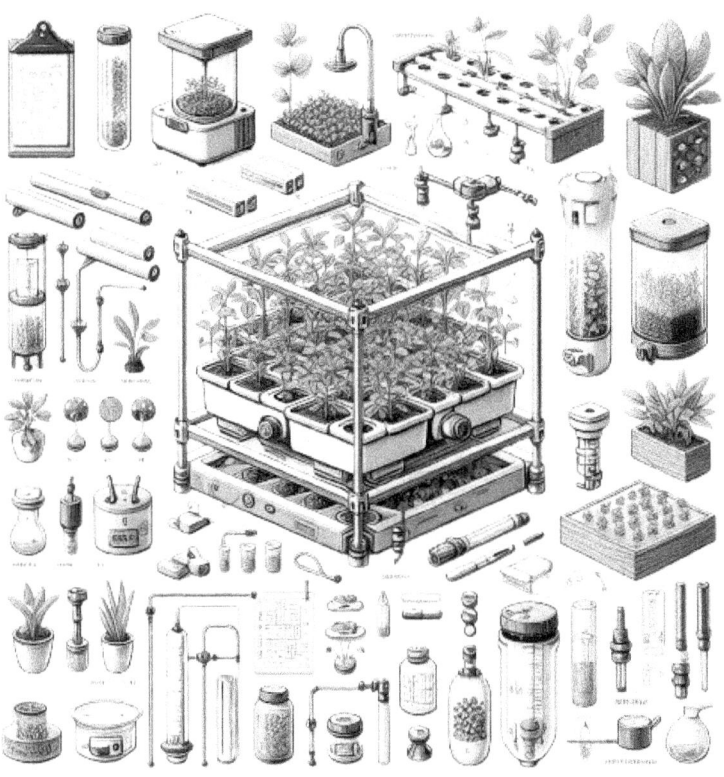

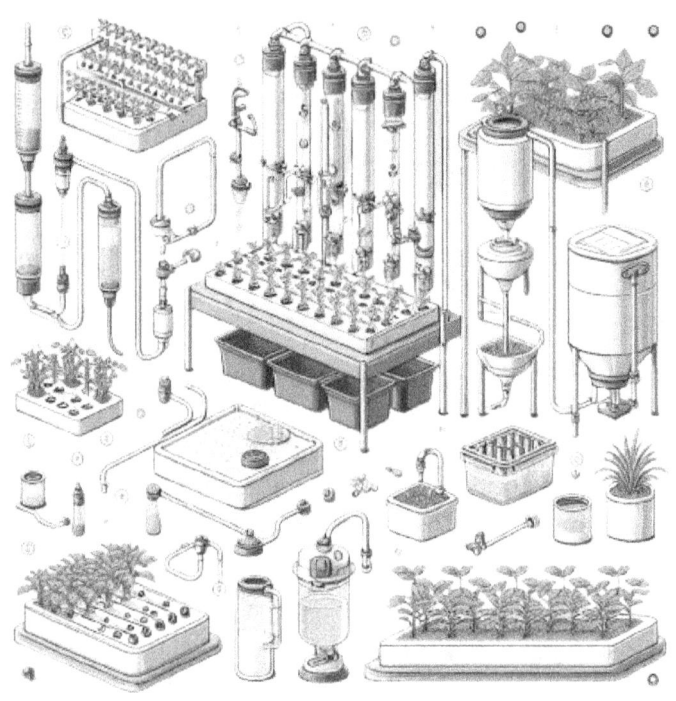

Capitolo 3
Tipi di sistemi idroponici per uso domestico

Sistema a stoppino (Wick)

Il sistema a stoppino è uno dei metodi più semplici e accessibili per iniziare con l'idroponica domestica. È ideale per principianti e per chi ha poco spazio o un budget limitato.

Come funziona:
Il sistema utilizza un materiale assorbente (lo stoppino) per trasportare la soluzione nutritiva dal serbatoio alle radici delle piante per capillarità. Non richiede parti mobili o elettricità, rendendolo estremamente affidabile e a bassa manutenzione.

Vantaggi:
- Economico
- Facile da costruire e mantenere
- Silenzioso e senza parti elettriche
- Ideale per piante piccole e a crescita lenta

Svantaggi:
- Meno efficiente per piante grandi o a crescita rapida
- Rischio di accumulo di sali nel substrato
- Ossigenazione limitata delle radici

Materiali necessari:
- Contenitore per la soluzione nutritiva (5-10 litri)
- Contenitore per la pianta con fori sul fondo
- Materiale per lo stoppino (corda di nylon, feltro, strisce di tessuto)

- Substrato inerte (argilla espansa, perlite, vermiculite)
- Soluzione nutritiva idroponica
- Piante o semi

Processo passo-passo per costruire un sistema a stoppino:

1. Preparazione dei contenitori:
   - Pulisci accuratamente entrambi i contenitori.
   - Pratica 3-4 fori sul fondo del contenitore per la pianta.

2. Preparazione dello stoppino:
   - Taglia lo stoppino in pezzi di lunghezza sufficiente a raggiungere il fondo del serbatoio e arrivare al centro del contenitore della pianta.
   - Se usi corda, sfilaccia le estremità per aumentare la superficie di assorbimento.

3. Assemblaggio:
   - Inserisci gli stoppini nei fori del contenitore della pianta, lasciandone una parte pendente sotto.
   - Riempi il contenitore della pianta con il substrato inerte.
   - Posiziona il contenitore della pianta sopra il serbatoio della soluzione nutritiva.
   - Assicurati che gli stoppini raggiungano il fondo del serbatoio.

4. Preparazione della soluzione nutritiva:
   - Riempi il serbatoio con la soluzione nutritiva seguendo le istruzioni del produttore.
   - Lascia circa 2-3 cm di spazio dall'orlo per evitare traboccamenti.

5. Piantumazione:
- Pianta i semi o le piantine nel substrato.
- Innaffia leggermente dall'alto per la prima volta per favorire l'attecchimento.

6. Manutenzione:
- Controlla regolarmente il livello della soluzione nutritiva e rabbocca quando necessario.
- Monitora il pH e l'EC della soluzione settimanalmente.
- Cambia completamente la soluzione ogni 2-3 settimane.

Consigli per ottimizzare il sistema:
- Usa più stoppini per piante più grandi o a crescita rapida.
- Scegli un substrato che bilanci ritenzione idrica e aerazione (ad esempio, un mix di perlite e vermiculite).
- Copri il serbatoio per prevenire l'evaporazione e la crescita di alghe.

Risoluzione dei problemi comuni:

1. Problema: Le piante appassiscono nonostante il serbatoio pieno
Soluzione:
- Verifica che gli stoppini non siano ostruiti o compressi.
- Aumenta il numero di stoppini.
- Assicurati che il substrato non sia troppo compatto.

2. Problema: Crescita di muffe o alghe sulla superficie del substrato
Soluzione:
- Migliora la circolazione dell'aria intorno alle piante.
  Usa un substrato più grossolano in superficie.
- Considera l'aggiunta di un sottile strato di vermiculite sulla superficie.

3. Problema: Accumulo di sali nel substrato
Soluzione:
- Sciacqua periodicamente il substrato con acqua pura.
- Cambia la soluzione nutritiva più frequentemente.
- Usa una soluzione nutritiva più diluita.

4. Problema: Crescita lenta o stentata
Soluzione:
- Verifica che la soluzione nutritiva non sia troppo diluita.
- Assicurati che le piante ricevano sufficiente luce.
- Considera l'aggiunta di ossigenazione supplementare (ad esempio, una piccola pompa d'aria).

5. Problema: Radici che crescono nello stoppino
Soluzione:
- Taglia periodicamente le radici che pendono sotto il contenitore.
- Usa uno stoppino più sottile o meno assorbente.

6. Problema: Evaporazione rapida della soluzione nutritiva
Soluzione:
- Copri il serbatoio con un coperchio o pellicola oscurante.
- Sposta il sistema in un'area più fresca.
- Usa un contenitore più grande per la soluzione nutritiva.

Ricorda, il sistema a stoppino è eccellente per iniziare con l'idroponica, ma ha dei limiti. È perfetto per erbe aromatiche, piante ornamentali di piccole dimensioni e per sperimentare con diverse colture. Man mano che acquisisci esperienza, potresti voler esplorare sistemi più avanzati per colture più esigenti. Tuttavia, la semplicità e l'affidabilità del sistema a stoppino lo rendono una scelta sempre valida per molti appassionati di idroponica domestica. Buona coltivazione!

Sistema a flusso e riflusso (Ebb and Flow)

Il sistema a flusso e riflusso, noto anche come Ebb and Flow, è un metodo versatile e efficiente per la coltivazione idroponica domestica. Questo sistema simula il naturale ciclo di inondazione e drenaggio del terreno, fornendo alle piante un'ottima ossigenazione delle radici e un'alimentazione regolare.

Come funziona:
Una pompa sommersa riempie periodicamente il vassoio di coltivazione con la soluzione nutritiva. Dopo un breve periodo, la soluzione drena nuovamente nel serbatoio sottostante. Questo ciclo si ripete più volte al giorno.

Vantaggi:
- Ottima ossigenazione delle radici
- Adatto a una vasta gamma di piante
- Efficiente utilizzo dei nutrienti
- Facilità di manutenzione

Svantaggi:
- Richiede una pompa e un timer
- Potenziale rischio di guasti della pompa
- Necessita di monitoraggio regolare

Materiali necessari:
- Vassoio di coltivazione con foro di drenaggio
- Serbatoio per la soluzione nutritiva
- Pompa sommersa
- Timer
- Tubo di irrigazione e di drenaggio

- Substrato inerte (argilla espansa, perlite, lana di roccia)
- Soluzione nutritiva idroponica
- Vasi forati o contenitori per le piante

Processo passo-passo per costruire un sistema a flusso e riflusso:

1. Preparazione del serbatoio:
- Pulisci accuratamente il serbatoio.
- Posiziona la pompa sommersa sul fondo.
- Riempi con la soluzione nutritiva, lasciando spazio per il riflusso.

2. Allestimento del vassoio di coltivazione:
- Perfora il vassoio per il tubo di drenaggio.
- Installa il tubo di drenaggio, assicurandoti che sia ben sigillato.
- Posiziona il vassoio sopra il serbatoio, garantendo stabilità.

3. Collegamento del sistema di irrigazione:
- Collega il tubo di irrigazione dalla pompa al vassoio.
- Assicurati che il tubo di drenaggio ritorni nel serbatoio.
- Verifica che tutti i collegamenti siano sicuri e a tenuta stagna.

4. Preparazione dei contenitori per le piante:
- Riempi i vasi forati con il substrato inerte scelto.
- Posiziona i vasi nel vassoio di coltivazione.

5. Impostazione del timer:
- Collega la pompa a un timer.
- Programma cicli di irrigazione: tipicamente 15 minuti ogni 2-3 ore durante il giorno.

6. Test del sistema:
- Avvia manualmente un ciclo per verificare che tutto funzioni correttamente.
- Controlla che il drenaggio sia efficiente e non ci siano perdite.

7. Piantumazione:
- Trapianta le piante nei vasi preparati.
- Assicurati che le radici siano ben immerse nel substrato.

8. Manutenzione regolare:
- Controlla quotidianamente il livello della soluzione nutritiva.
- Monitora pH ed EC della soluzione almeno due volte a settimana.
- Pulisci regolarmente pompa e tubi per prevenire ostruzioni.
- Cambia completamente la soluzione ogni 2-3 settimane.

Consigli per ottimizzare il sistema:
- Usa substrati a grana grossa per un drenaggio ottimale.
- Adatta la frequenza dei cicli in base alle esigenze delle piante e alle condizioni ambientali.
- Considera l'uso di un sistema di backup per la pompa in caso di guasti.

Risoluzione dei problemi comuni:

1. Problema: Il vassoio non si riempie completamente
Soluzione:
- Verifica che la pompa sia sufficientemente potente.
- Controlla che non ci siano ostruzioni nel tubo di irrigazione.
- Assicurati che il serbatoio contenga abbastanza soluzione.

2. Problema: Drenaggio lento o incompleto
Soluzione:
- Pulisci il tubo di drenaggio e verifica che non sia ostruito.
- Assicurati che il vassoio sia leggermente inclinato verso il foro di drenaggio.
- Usa un substrato più grossolano per migliorare il drenaggio.

3. Problema: Crescita di alghe nel vassoio
Soluzione:
- Copri il vassoio con un materiale opaco per bloccare la luce.
- Pulisci regolarmente il vassoio con una soluzione di acqua e perossido di idrogeno.
- Riduci leggermente la frequenza dei cicli di irrigazione.

4. Problema: Radici che ostruiscono il sistema di drenaggio
Soluzione:
- Usa reti o schermi per prevenire che le radici entrino nel sistema di drenaggio.
- Pota regolarmente le radici eccessive.
- Considera l'uso di air pruning pots per limitare la crescita eccessiva delle radici.

5. Problema: Squilibrio nutrizionale nelle piante
Soluzione:
- Verifica pH ed EC della soluzione e correggi se necessario.
- Assicurati che tutte le piante ricevano un'irrigazione uniforme.
- Adatta la frequenza dei cicli in base alle esigenze specifiche delle piante.

6. Problema: Guasto della pompa
Soluzione:
- Installa un sistema di allarme per basso livello dell'acqua.
- Tieni una pompa di ricambio a portata di mano.
- Considera l'installazione di un sistema di backup automatico.

7. Problema: Temperatura della soluzione troppo alta
Soluzione:
- Sposta il serbatoio in un'area più fresca.
- Isola il serbatoio per proteggerlo dal calore.
- Considera l'uso di un chiller per sistemi più grandi.

Ricorda, il sistema a flusso e riflusso offre un ottimo equilibrio tra efficienza e facilità d'uso. È particolarmente adatto per una vasta gamma di piante, dalle erbe aromatiche ai pomodori, passando per le piante ornamentali. Con una corretta manutenzione e un po' di pratica, questo sistema può fornire raccolti abbondanti e di alta qualità. Non esitare a sperimentare con diversi tempi di ciclo e tipi di substrato per trovare la configurazione ottimale per le tue specifiche colture. Buona coltivazione!

Sistema NFT (Nutrient Film Technique)

Il sistema NFT è un metodo di coltivazione idroponica avanzato che offre un'elevata efficienza e un ottimo controllo sulla crescita delle piante. È particolarmente popolare per la coltivazione di verdure a foglia e erbe aromatiche.

Come funziona:
In un sistema NFT, un sottile film di soluzione nutritiva scorre continuamente lungo canali leggermente inclinati. Le radici delle piante sono parzialmente immerse in questo flusso, assorbendo nutrienti e ossigeno.

Vantaggi:
- Elevata efficienza nell'uso dell'acqua e dei nutrienti
- Ottima ossigenazione delle radici
- Facilità di accesso alle radici per il monitoraggio
- Ideale per colture a ciclo breve

Svantaggi:
- Richiede un monitoraggio costante
- Sensibile alle interruzioni di corrente
- Non adatto a piante con radici molto grandi

Materiali necessari:
- Tubi in PVC (10-15 cm di diametro) o canalette per NFT
- Serbatoio per la soluzione nutritiva (20-50 litri)
- Pompa sommersa
- Timer (opzionale)
- Tubi di collegamento
- Net pot o cestelli per piante
- Soluzione nutritiva idroponica

Processo passo-passo per costruire un sistema NFT:

1. Preparazione dei canali:
- Taglia i tubi PVC alla lunghezza desiderata (generalmente 1-2 metri).
- Pratica fori sulla parte superiore dei tubi per inserire i net pot (distanza 15-20 cm).
- Crea un foro all'inizio del tubo per l'ingresso della soluzione e uno alla fine per il drenaggio.

2. Allestimento del supporto:
- Costruisci un supporto inclinato (1-2% di pendenza) per i tubi.
- Assicurati che la struttura sia stabile e possa sostenere il peso delle piante mature.

3. Preparazione del serbatoio:
- Posiziona il serbatoio alla base del sistema.
- Installa la pompa sommersa nel serbatoio.
- Riempi con la soluzione nutritiva.

4. Collegamento del sistema:
- Collega il tubo di mandata dalla pompa all'inizio di ogni canale.
- Posiziona un tubo di drenaggio dalla fine dei canali al serbatoio.

5. Test del flusso:
- Avvia la pompa e verifica che il flusso sia uniforme in tutti i canali.
- Regola l'inclinazione se necessario per ottenere un film sottile e costante.

6. Piantumazione:
- Inserisci le piante nei net pot con un supporto inerte (es. argilla espansa).
- Posiziona i net pot nei fori dei canali.

7. Avvio del sistema:
- Accendi la pompa e assicurati che funzioni 24/7 o secondo i cicli programmati.
- Monitora attentamente le piante nei primi giorni per assicurarti che ricevano sufficiente umidità.

8. Manutenzione regolare:
- Controlla quotidianamente il livello della soluzione nutritiva.
- Misura e regola pH ed EC almeno due volte a settimana.
- Pulisci regolarmente i canali e la pompa.
- Cambia completamente la soluzione ogni 2-3 settimane.

Consigli per ottimizzare il sistema:
- Mantieni la temperatura della soluzione tra 18-22°C per una crescita ottimale.
- Usa coperture opache sui canali per prevenire la crescita di alghe.
- Considera l'uso di un sistema di backup per la pompa in caso di interruzioni di corrente.

Risoluzione dei problemi comuni:

1. Problema: Flusso irregolare nei canali
Soluzione:
- Verifica e pulisci eventuali ostruzioni nei tubi.
- Regola l'inclinazione dei canali per garantire un flusso uniforme.

- Assicurati che la pompa sia sufficientemente potente.

2. Problema: Radici che ostruiscono i canali
Soluzione:
- Pota regolarmente le radici eccessive.
- Aumenta leggermente la velocità del flusso.
- Usa canali più larghi per piante con sistemi radicali estesi.

3. Problema: Crescita di alghe nei canali
Soluzione:
- Copri completamente i canali con materiale opaco.
- Pulisci regolarmente il sistema con una soluzione di perossido di idrogeno diluito.
- Mantieni la zona di coltivazione al buio.

4. Problema: Piante che appassiscono rapidamente in caso di guasto della pompa
Soluzione:
- Installa un sistema di allarme per il malfunzionamento della pompa.
- Considera l'uso di un generatore di backup o di una batteria tampone.
- Mantieni una riserva d'acqua nel fondo dei canali per brevi interruzioni.

5. Problema: Squilibrio nutrizionale tra piante all'inizio e alla fine del canale
Soluzione:
- Aumenta la velocità del flusso per una distribuzione più uniforme.
- Ruota periodicamente la posizione delle piante.
- Usa canali più corti o dividi il flusso in più canali paralleli.

6. Problema: Accumulo di sali nei canali
Soluzione:
- Esegui regolarmente un "flushing" con acqua pura.
- Pulisci fisicamente i canali durante i cambi di soluzione.
- Monitora e regola frequentemente l'EC della soluzione.

7. Problema: Temperatura della soluzione troppo alta
Soluzione:
- Isola il serbatoio e i tubi esposti al sole.
- Considera l'uso di un chiller per la soluzione nutritiva.
- Aumenta leggermente il volume della soluzione nel serbatoio.

Ricorda, il sistema NFT richiede un monitoraggio più attento rispetto ad altri metodi idroponici, ma offre un controllo preciso e risultati eccellenti per molte colture. È particolarmente efficace per la produzione di insalate, erbe aromatiche e altre verdure a foglia. Con la pratica, imparerai a ottimizzare il flusso e la nutrizione per ottenere raccolti abbondanti e di alta qualità. Non esitare a sperimentare e adattare il sistema alle tue specifiche esigenze di coltivazione. Buona coltivazione con il tuo sistema NFT!

Sistema DWC (Deep Water Culture)

Il sistema DWC, o Coltura in Acqua Profonda, è uno dei metodi idroponici più semplici ed efficaci, ideale per principianti e coltivatori esperti. In questo sistema, le radici delle piante sono immerse direttamente nella soluzione nutritiva ossigenata.

Come funziona:
Le piante sono sostenute da net pot (cestelli forati) sospesi sopra un serbatoio contenente la soluzione nutritiva. Le radici crescono attraverso il net pot e pendono liberamente nella soluzione, che viene continuamente ossigenata da una pompa dell'aria.

Vantaggi:
- Semplicità di costruzione e manutenzione
- Costi iniziali bassi
- Crescita rapida delle piante
- Elevata ossigenazione delle radici

Svantaggi:
- Sensibilità alle temperature elevate
- Rischio di problemi se l'ossigenazione si interrompe

Materiali necessari:
- Contenitore opaco da 20-30 litri
- Coperchio per il contenitore
- Net pot (cestelli forati)
- Pompa dell'aria
- Pietra porosa
- Tubo dell'aria
- Argilla espansa o altro substrato inerte
- Soluzione nutritiva idroponica

Processo passo-passo per costruire un sistema DWC:

1. Preparazione del contenitore:
- Pulisci accuratamente il contenitore.
- Pratica fori sul coperchio per inserire i net pot (distanza 20-30 cm).
- Fai un piccolo foro per il passaggio del tubo dell'aria.

2. Installazione del sistema di aerazione:
- Collega la pietra porosa al tubo dell'aria.
- Inserisci il tubo nel foro del coperchio, posizionando la pietra sul fondo del contenitore.
- Collega l'altra estremità del tubo alla pompa dell'aria.

3. Preparazione della soluzione nutritiva:
- Riempi il contenitore con acqua, lasciando 5 cm dal bordo.
- Aggiungi la soluzione nutritiva secondo le istruzioni del produttore.
- Misura e regola il pH (idealmente tra 5,5 e 6,5).

4. Preparazione delle piante:
- Riempi i net pot con argilla espansa.
- Posiziona delicatamente le piante o le talee nei net pot.
- Assicurati che le radici o la base del fusto tocchino la soluzione nutritiva.

5. Assemblaggio finale:
- Posiziona il coperchio con i net pot sul contenitore.
- Accendi la pompa dell'aria e verifica che le bolle siano distribuite uniformemente.

6. Avvio del sistema:
- Posiziona il sistema in un luogo con luce adeguata.
- Monitora attentamente le piante nei primi giorni.

7. Manutenzione regolare:
- Controlla quotidianamente il livello della soluzione e rabbocca con acqua se necessario.
- Misura e regola pH ed EC settimanalmente.
- Cambia completamente la soluzione ogni 2-3 settimane.
- Pulisci regolarmente la pietra porosa per prevenire ostruzioni.

Consigli per ottimizzare il sistema:
- Usa un contenitore di colore chiaro per prevenire il surriscaldamento della soluzione.
- Mantieni la temperatura della soluzione tra 18-22°C per una crescita ottimale.
- Considera l'uso di isolante termico intorno al contenitore.

Risoluzione dei problemi comuni:

1. Problema: Radici scure o maleodoranti
Soluzione:
- Aumenta immediatamente l'ossigenazione.
- Cambia completamente la soluzione nutritiva.
- Aggiungi perossido di idrogeno (3%) alla soluzione (1 ml per litro) per un boost di ossigeno.

2. Problema: Crescita di alghe nella soluzione
Soluzione:
- Assicurati che il contenitore sia completamente opaco.
- Copri eventuali fessure o spazi tra il coperchio e il contenitore.
- Usa coperture per i net pot non utilizzati.

3. Problema: Temperatura della soluzione troppo alta
Soluzione:
- Sposta il sistema in un'area più fresca.
- Aggiungi ghiaccio in bottiglie sigillate per un raffreddamento temporaneo.
- Considera l'uso di un piccolo chiller per sistemi più grandi.

4. Problema: pH instabile
Soluzione:
- Usa un tampone pH per stabilizzare la soluzione.
- Controlla e regola il pH più frequentemente, idealmente ogni giorno.
- Verifica la qualità dell'acqua di partenza, potrebbe essere necessario un filtro.

5. Problema: Carenze nutrizionali nelle piante
Soluzione:
- Verifica che l'EC della soluzione sia adeguata per le tue piante.
- Assicurati che il pH sia nel range corretto per l'assorbimento dei nutrienti.
- Considera l'uso di integratori specifici se necessario.

6. Problema: Crescita irregolare tra piante
Soluzione:
- Verifica che tutte le piante ricevano uguale ossigenazione.
- Ruota periodicamente la posizione delle piante.
- Assicurati che la luce sia distribuita uniformemente.

7. Problema: Pompa dell'aria rumorosa o inefficiente
Soluzione:
- Pulisci o sostituisci la pietra porosa.
- Verifica che il tubo dell'aria non sia piegato o ostruito.

- Considera l'acquisto di una pompa più silenziosa o potente se necessario.

Ricorda, il sistema DWC è eccellente per una vasta gamma di piante, dalle verdure a foglia alle erbe aromatiche, fino a piante più grandi come pomodori e peperoni. La chiave del successo è mantenere un'ossigenazione costante e monitorare regolarmente la soluzione nutritiva. Con la pratica, scoprirai come ottimizzare il sistema per le tue specifiche esigenze di coltivazione. Non aver paura di sperimentare e adattare il tuo setup DWC. Buona coltivazione con il tuo sistema Deep Water Culture!

Sistema aeroponica

L'aeroponica è una delle tecniche di coltivazione idroponica più avanzate e efficienti. In questo sistema, le radici delle piante sono sospese in aria e vengono periodicamente nebulizzate con una soluzione nutritiva finemente atomizzata.

Come funziona:
Le piante sono sospese in supporti speciali, con le radici che pendono in una camera oscura. Un sistema di pompe e ugelli nebulizza la soluzione nutritiva direttamente sulle radici a intervalli regolari.

Vantaggi:
- Massima ossigenazione delle radici
- Uso estremamente efficiente di acqua e nutrienti
- Crescita rapida delle piante
- Facile accesso alle radici per il monitoraggio

Svantaggi:
- Costi iniziali più elevati
- Richiede un monitoraggio attento
- Sensibile alle interruzioni di corrente

Materiali necessari:
- Camera di crescita (può essere un contenitore grande o una struttura personalizzata)
- Coperchio con fori per le piante
- Pompa ad alta pressione
- Ugelli nebulizzatori
- Timer digitale
- Tubi e raccordi
- Serbatoio per la soluzione nutritiva
- Supporti per le piante (net pot o collari in neoprene)

- Soluzione nutritiva idroponica

Processo passo-passo per costruire un sistema aeroponico:

1. Preparazione della camera di crescita:
   - Scegli o costruisci una camera opaca e resistente all'umidità.
   - Crea fori sul coperchio per inserire i supporti delle piante.
   - Assicurati che la camera sia completamente a tenuta di luce.

2. Installazione del sistema di nebulizzazione:
   - Posiziona gli ugelli nebulizzatori all'interno della camera, assicurandoti una copertura uniforme.
   - Collega gli ugelli alla pompa ad alta pressione tramite tubi resistenti alla pressione.
   - Installa una valvola di non ritorno per prevenire il riflusso.

3. Preparazione del serbatoio:
   - Posiziona il serbatoio vicino alla camera di crescita.
   - Riempi con la soluzione nutritiva preparata secondo le istruzioni del produttore.
   - Installa un sistema di filtraggio per prevenire l'ostruzione degli ugelli.

4. Collegamento del sistema:
   - Collega la pompa al serbatoio e al sistema di nebulizzazione.
   - Installa un timer digitale per controllare i cicli di nebulizzazione.

5. Impostazione dei cicli di nebulizzazione:
- Programma il timer per nebulizzazioni frequenti e brevi (es. 5-10 secondi ogni 3-5 minuti).
- Adatta i cicli in base alle esigenze specifiche delle tue piante.

6. Piantumazione:
- Inserisci le piante nei supporti, assicurandoti che le radici pendano liberamente nella camera.
- Usa collari in neoprene o net pot con un minimo di substrato per sostenere le piante.

7. Avvio del sistema:
- Accendi la pompa e verifica che tutti gli ugelli funzionino correttamente.
- Monitora attentamente le piante nei primi giorni per assicurarti che ricevano sufficiente umidità.

8. Manutenzione regolare:
- Controlla quotidianamente il livello della soluzione nutritiva.
- Misura e regola pH ed EC almeno due volte a settimana.
- Pulisci regolarmente gli ugelli e i filtri.
- Cambia completamente la soluzione ogni 1-2 settimane.

Consigli per ottimizzare il sistema:
- Mantieni la temperatura della camera tra 18-24°C per una crescita ottimale.
- Usa una pompa di riserva in caso di guasti.
- Considera l'installazione di un sistema di monitoraggio automatico per pH, EC e temperatura.

Risoluzione dei problemi comuni:

1. Problema: Ugelli ostruiti
Soluzione:
- Pulisci regolarmente gli ugelli con una soluzione di acqua e aceto.
- Usa filtri più fini nel sistema.
- Considera l'uso di ugelli autopulenti.

2. Problema: Radici secche
Soluzione:
- Aumenta la frequenza o la durata dei cicli di nebulizzazione.
- Verifica che tutti gli ugelli funzionino correttamente.
- Controlla che la pompa fornisca sufficiente pressione.

3. Problema: Crescita di alghe nella camera
Soluzione:
- Assicurati che la camera sia completamente oscurata.
- Usa coperture opache per i fori non utilizzati.
- Pulisci regolarmente la camera con una soluzione di perossido di idrogeno diluito.

4. Problema: Fluttuazioni di pH
Soluzione:
- Usa un tampone pH per stabilizzare la soluzione.
- Controlla e regola il pH più frequentemente.
- Verifica la qualità dell'acqua di partenza.

5. Problema: Radici che ostruiscono gli ugelli
Soluzione:
- Pota regolarmente le radici eccessive.
- Posiziona gli ugelli più lontano dalle radici.

- Usa schermi protettivi intorno agli ugelli.

6. Problema: Interruzione di corrente
Soluzione:
- Installa un sistema di allarme per interruzioni di corrente.
- Usa un generatore di backup o un sistema UPS.
- Tieni a portata di mano uno spruzzatore manuale per emergenze.

7. Problema: Accumulo di sali nella camera
Soluzione:
- Esegui regolarmente un "flushing" della camera con acqua pura.
- Pulisci accuratamente la camera durante i cambi di soluzione.
- Monitora attentamente l'EC della soluzione per prevenire accumuli eccessivi.

Ricorda, l'aeroponica è un sistema avanzato che richiede attenzione e dedizione, ma può offrire risultati straordinari in termini di crescita e resa. È particolarmente efficace per la propagazione di talee e per colture ad alto valore. Con la pratica e l'esperienza, imparerai a ottimizzare il tuo sistema aeroponico per ottenere raccolti di altissima qualità. Non esitare a sperimentare e a cercare supporto in comunità online di appassionati di aeroponica. Buona coltivazione con il tuo sistema aeroponico!

Sistema a goccia (Drip)

Il sistema a goccia è un metodo di coltivazione idroponica versatile e efficiente, ideale sia per principianti che per coltivatori esperti. Questo sistema fornisce una soluzione nutritiva direttamente alla base di ogni pianta attraverso un sistema di tubi e gocciolatori.

Come funziona:
Una pompa sommersa nel serbatoio della soluzione nutritiva spinge l'acqua attraverso una rete di tubi. I gocciolatori posizionati alla fine di ogni tubo rilasciano lentamente la soluzione nutritiva alla base di ogni pianta.

Vantaggi:
- Controllo preciso dell'irrigazione
- Adatto a una vasta gamma di piante
- Facilmente scalabile
- Efficiente uso dell'acqua e dei nutrienti

Svantaggi:
- Possibile intasamento dei gocciolatori
- Richiede manutenzione regolare

Materiali necessari:
- Serbatoio per la soluzione nutritiva (20-50 litri)
- Pompa sommersa
- Timer
- Tubi in PVC o polietilene
- Gocciolatori (2-4 litri/ora)
- Vasi o contenitori per le piante
- Substrato inerte (perlite, vermiculite, fibra di cocco)
- Soluzione nutritiva idroponica

Processo passo-passo per costruire un sistema a goccia:

1. Preparazione del serbatoio:
- Pulisci accuratamente il serbatoio.
- Posiziona la pompa sommersa sul fondo.
- Riempi con la soluzione nutritiva preparata.

2. Installazione del sistema di distribuzione:
- Collega il tubo principale alla pompa.
- Disponi i tubi secondari per raggiungere ogni pianta.
- Installa i gocciolatori alla fine di ogni tubo secondario.

3. Preparazione dei contenitori per le piante:
- Riempi i vasi con il substrato inerte scelto.
- Crea un piccolo avvallamento sulla superficie per il gocciolatore.

4. Connessione del sistema:
- Posiziona i gocciolatori nei vasi, assicurandoti che siano stabili.
- Verifica che tutti i collegamenti siano sicuri e non ci siano perdite.

5. Impostazione del timer:
- Collega la pompa a un timer.
- Programma cicli di irrigazione adatti alle tue piante (es. 15 minuti ogni 2-3 ore durante il giorno).

6. Test del sistema:
- Avvia manualmente un ciclo per verificare che tutti i gocciolatori funzionino correttamente.
- Controlla l'uniformità della distribuzione in tutti i vasi.

7. Piantumazione:
- Trapianta le piante nei vasi preparati.
- Assicurati che il gocciolatore sia posizionato vicino alla base della pianta.

8. Manutenzione regolare:
- Controlla quotidianamente il livello della soluzione nutritiva.
- Monitora pH ed EC della soluzione almeno due volte a settimana.
- Pulisci regolarmente i gocciolatori per prevenire ostruzioni.
- Cambia completamente la soluzione ogni 2-3 settimane.

Consigli per ottimizzare il sistema:
- Usa gocciolatori autocompensanti per garantire un flusso uniforme.
- Installa un filtro prima della pompa per prevenire l'intasamento dei gocciolatori.
- Considera l'uso di tubi anti-alghe per ridurre la crescita di alghe nel sistema.

Risoluzione dei problemi comuni:

1. Problema: Gocciolatori intasati
Soluzione:
- Pulisci i gocciolatori con una soluzione di acqua e aceto.
- Sostituisci i gocciolatori se necessario.
- Installa un filtro più fine nel sistema.

2. Problema: Distribuzione non uniforme dell'acqua
Soluzione:
- Verifica che tutti i tubi siano della stessa lunghezza.
- Usa gocciolatori autocompensanti.
- Assicurati che il sistema sia a livello.

3. Problema: Crescita di alghe nei tubi
Soluzione:
- Usa tubi opachi o coprili per bloccare la luce.
- Aggiungi perossido di idrogeno alla soluzione nutritiva (1 ml al 3% per litro).
- Pulisci regolarmente l'intero sistema.

4. Problema: Substrato troppo bagnato o troppo secco
Soluzione:
- Regola la frequenza e la durata dei cicli di irrigazione.
- Verifica che il substrato abbia un buon drenaggio.
- Considera l'uso di un substrato con una migliore ritenzione idrica o drenaggio.

5. Problema: Pompa non funzionante
Soluzione:
- Verifica l'alimentazione elettrica e il timer.
- Pulisci il filtro della pompa.
- Tieni una pompa di riserva a portata di mano.

6. Problema: Accumulo di sali nel substrato
Soluzione:
- Esegui un "flushing" periodico con acqua pura.
- Monitora attentamente l'EC della soluzione nutritiva.
- Considera l'uso di un sistema a recupero per riciclare la soluzione in eccesso.

7. Problema: Radici che ostruiscono i gocciolatori
Soluzione:
- Posiziona i gocciolatori più in alto rispetto al substrato.
- Usa barriere per le radici intorno ai gocciolatori.
- Pota regolarmente le radici in eccesso.

Ricorda, il sistema a goccia offre un ottimo controllo sulla nutrizione delle piante e può essere facilmente adattato a diverse esigenze di coltivazione. È particolarmente efficace per piante di medie e grandi dimensioni come pomodori, peperoni e cetrioli. Con la pratica, imparerai a ottimizzare i cicli di irrigazione e la concentrazione dei nutrienti per ottenere raccolti abbondanti e di alta qualità. Non esitare a sperimentare con diversi substrati e configurazioni per trovare la soluzione ideale per le tue colture. Buona coltivazione con il tuo sistema a goccia!

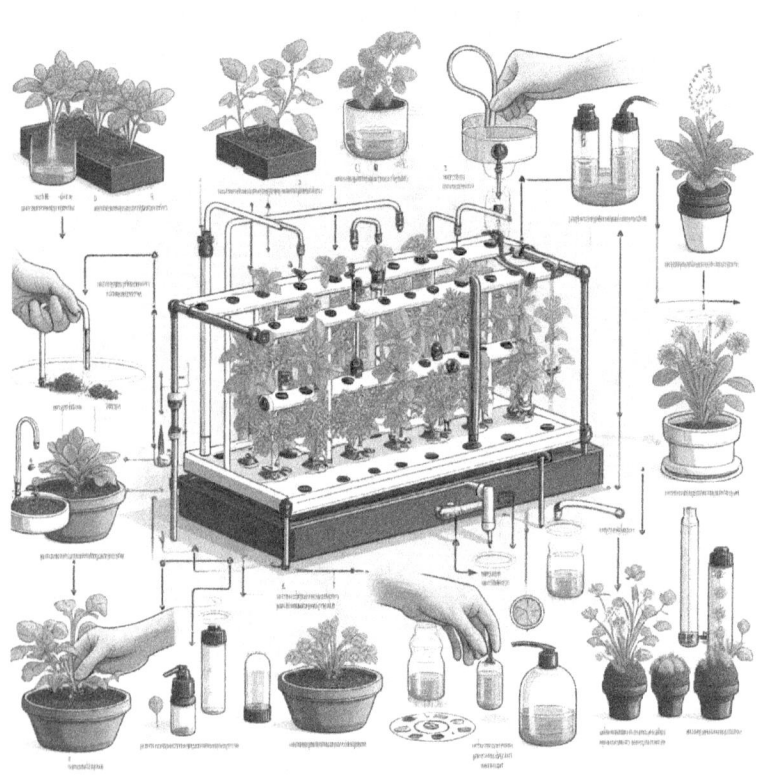

Capitolo 4
Progettazione del tuo sistema idroponico

Valutazione dello spazio disponibile

La valutazione accurata dello spazio disponibile è il primo passo cruciale nella progettazione di un sistema idroponico di successo. Questa fase ti aiuterà a massimizzare l'efficienza del tuo sistema e a garantire che si adatti perfettamente al tuo ambiente.

Processo passo-passo per valutare lo spazio disponibile:

1. Misurazione dell'area:
   - Misura accuratamente la lunghezza, larghezza e altezza dello spazio disponibile.
   - Annota eventuali ostacoli come finestre, porte o elementi strutturali.

2. Valutazione dell'illuminazione naturale:
   - Osserva la quantità di luce naturale che riceve l'area durante il giorno.
   - Identifica le zone più luminose e quelle più ombrose.

3. Analisi della ventilazione:
   - Verifica la presenza di finestre o altre fonti di ventilazione naturale.
   - Valuta se è necessario installare ventilatori aggiuntivi.

4. Controllo dell'accesso all'elettricità e all'acqua:
   - Localizza le prese elettriche e i punti di accesso all'acqua.

- Valuta se sono necessarie estensioni o modifiche.

5. Considerazione della temperatura ambientale:
- Misura la temperatura media dell'area durante diverse ore del giorno.
- Identifica eventuali fonti di calore o freddo che potrebbero influenzare il sistema.

6. Valutazione del pavimento e della capacità di carico:
- Verifica che il pavimento sia livellato e possa supportare il peso del sistema.
- Considera l'uso di supporti o rinforzi se necessario.

7. Pianificazione dello spazio di lavoro:
- Assicurati di avere spazio sufficiente per muoverti comodamente intorno al sistema.
- Prevedi un'area per la conservazione di attrezzi e materiali di consumo.

8. Considerazione della scalabilità:
- Valuta se lo spazio permette future espansioni del sistema.
- Pianifica in anticipo per possibili aggiunte o modifiche.

Consigli pratici:
- Crea un disegno in scala dello spazio e del sistema pianificato.
- Usa cartone o nastro adesivo per delineare sul pavimento l'ingombro del sistema.
- Considera l'uso di sistemi verticali per massimizzare lo spazio in altezza.
- Pensa alla flessibilità: sistemi modulari possono essere più adattabili in futuro.

Risoluzione dei problemi comuni:

1. Problema: Spazio limitato
Soluzione:
- Opta per sistemi verticali o a torre.
- Utilizza sistemi idroponici compatti come il DWC o l'aeroponica.
- Considera la coltivazione di piante più piccole o a crescita rapida.

2. Problema: Illuminazione naturale insufficiente
Soluzione:
- Installa luci di crescita LED a spettro completo.
- Usa riflettori per massimizzare la luce disponibile.
- Scegli piante che richiedono meno luce (es. erbe aromatiche, verdure a foglia).

3. Problema: Temperatura ambiente instabile
Soluzione:
- Isola l'area di coltivazione con tende termiche o pannelli.
- Installa un sistema di controllo della temperatura (riscaldatori o condizionatori).
- Scegli varietà di piante adatte alle temperature del tuo ambiente.

4. Problema: Accesso limitato all'acqua
Soluzione:
- Installa un sistema di raccolta dell'acqua piovana.
- Utilizza un serbatoio di stoccaggio più grande per ridurre la frequenza dei rifornimenti.
- Considera un sistema di ricircolo per massimizzare l'efficienza idrica.

5. Problema: Pavimento non livellato
Soluzione:
- Usa supporti regolabili per livellare il sistema.
- Installa una piattaforma livellata su cui posizionare il sistema.
- Opta per sistemi più piccoli e indipendenti che possono essere facilmente livellati.

6. Problema: Umidità eccessiva
Soluzione:
- Installa un deumidificatore.
- Migliora la ventilazione con ventilatori aggiuntivi.
- Usa coperture per ridurre l'evaporazione dai serbatoi.

7. Problema: Interferenza con altre attività domestiche
Soluzione:
- Crea una zona dedicata separata con divisori o tende.
- Progetta il sistema per essere compatto e ordinato.
- Considera l'uso di sistemi idroponici esteticamente piacevoli che si integrano con l'arredamento.

Ricorda, una valutazione accurata dello spazio è fondamentale per il successo del tuo sistema idroponico. Prendi il tempo necessario per considerare tutti gli aspetti dell'ambiente in cui intendi installare il sistema. Un'attenta pianificazione iniziale ti risparmierà molte difficoltà in futuro e ti permetterà di creare un sistema idroponico efficiente e produttivo. Non esitare a consultare esperti o comunità online di appassionati di idroponica per consigli specifici sul tuo spazio. Buona progettazione!

Scelta del sistema più adatto alle tue esigenze

La selezione del sistema idroponico giusto è fondamentale per il successo della tua coltivazione. Ogni sistema ha i suoi vantaggi e svantaggi, e la scelta dipende da diversi fattori personali e ambientali.

Processo passo-passo per scegliere il sistema idroponico ideale:

1. Definizione degli obiettivi di coltivazione:
   - Determina cosa vuoi coltivare (verdure, erbe, fiori, ecc.).
   - Stabilisci se è per uso personale o commerciale.
   - Valuta la quantità di produzione desiderata.

2. Valutazione del tuo livello di esperienza:
   - Principiante: considera sistemi più semplici come DWC o sistemi a stoppino.
   - Intermedio: potresti optare per sistemi NFT o a goccia.
   - Esperto: sistemi aeroponici o combinazioni personalizzate potrebbero essere adatti.

3. Analisi dello spazio disponibile:
   - Misura l'area disponibile (lunghezza, larghezza, altezza).
   - Valuta se hai bisogno di un sistema verticale o orizzontale.

4. Considerazione del budget:
   - Calcola quanto sei disposto a investire inizialmente.
   - Considera anche i costi di gestione a lungo termine.

5. Valutazione del tempo disponibile per la manutenzione:
- Sistemi più complessi richiedono più tempo e attenzione.
- Considera sistemi automatizzati se hai poco tempo.

6. Analisi delle condizioni ambientali:
- Temperatura e umidità dell'ambiente.
- Disponibilità di luce naturale.

7. Confronto dei diversi sistemi:
a) Sistema DWC (Deep Water Culture):
- Ideale per: principianti, piante a crescita rapida
- Vantaggi: economico, facile da gestire
- Svantaggi: limitato per piante grandi

b) Sistema a goccia (Drip):
- Ideale per: varietà di piante, scalabilità
- Vantaggi: versatile, efficiente nell'uso dell'acqua
- Svantaggi: possibili intasamenti nei gocciolatori

c) Sistema NFT (Nutrient Film Technique):
- Ideale per: verdure a foglia, erbe
- Vantaggi: efficiente, buona ossigenazione
- Svantaggi: non adatto a piante grandi, sensibile a interruzioni di corrente

d) Sistema aeroponico:
- Ideale per: crescita rapida, ricerca
- Vantaggi: massima ossigenazione, crescita veloce
- Svantaggi: costoso, richiede manutenzione attenta

e) Sistema a stoppino:
- Ideale per: principianti assoluti, piante piccole
- Vantaggi: molto semplice, economico

- Svantaggi: limitato in termini di dimensioni e varietà di piante

8. Decisione finale:
- Valuta pro e contro di ogni sistema in relazione alle tue esigenze.
- Scegli il sistema che meglio si adatta ai tuoi obiettivi, spazio e risorse.

Consigli pratici:
- Inizia con un sistema più piccolo e semplice se sei alle prime armi.
- Considera la possibilità di espandere il sistema in futuro.
- Parla con altri coltivatori idroponici o visita negozi specializzati per consigli.

Risoluzione dei problemi comuni nella scelta del sistema:

1. Problema: Indecisione tra più sistemi
Soluzione:
- Crea una tabella di confronto con pro e contro di ogni sistema.
- Assegna un punteggio a ciascun fattore importante per te.
- Considera di iniziare con un sistema ibrido che combina elementi di più metodi.

2. Problema: Budget limitato
Soluzione:
- Inizia con un sistema DWC o a stoppino fai-da-te.
- Cerca materiali riciclati o di seconda mano.
- Pianifica un'espansione graduale nel tempo.

3. Problema: Spazio limitato
Soluzione:
- Opta per sistemi verticali come torri idroponiche.
- Considera sistemi compatti come l'aeroponica in miniatura.
- Utilizza pareti o soffitti per massimizzare lo spazio.

4. Problema: Preoccupazioni sulla complessità del sistema
Soluzione:
- Inizia con un sistema più semplice e passa a uno più complesso con l'esperienza.
- Cerca risorse educative online o corsi locali sull'idroponica.
- Unisciti a comunità online di coltivatori idroponici per supporto.

5. Problema: Difficoltà nel prevedere i costi di gestione
Soluzione:
- Fai una stima dettagliata dei costi mensili (elettricità, nutrienti, ecc.).
- Parla con coltivatori esperti per avere una prospettiva realistica.
- Inizia con un sistema più piccolo per valutare i costi effettivi.

6. Problema: Preoccupazioni sulla qualità del raccolto
Soluzione:
- Ricerca studi comparativi tra diversi sistemi idroponici.
- Sperimenta con piccoli sistemi di diverso tipo prima di fare una scelta definitiva.
- Considera fattori come il gusto, la resa e la facilità di coltivazione per le tue colture preferite.

Ricorda, la scelta del sistema idroponico giusto è un processo personale. Ciò che funziona per un coltivatore potrebbe non essere ideale per un altro. Non aver paura di sperimentare e di adattare il tuo sistema nel tempo. L'idroponica è un viaggio di apprendimento continuo, e la flessibilità è la chiave del successo. Buona scelta e buona coltivazione!

Calcolo del budget e dei materiali necessari

Una pianificazione accurata del budget e dei materiali è essenziale per avviare con successo il tuo progetto idroponico. Questo processo ti aiuterà a evitare sorprese costose e assicurerà che tu abbia tutto il necessario per iniziare.

Processo passo-passo per calcolare il budget e i materiali:

1. Definizione della scala del progetto:
   - Determina le dimensioni del tuo sistema (numero di piante, area occupata).
   - Decidi se sarà un sistema interno o esterno.

2. Elenco dei componenti principali:
   a) Struttura di base:
      - Contenitori o vasche di coltivazione
      - Supporti o scaffali
   b) Sistema di irrigazione:
      - Pompa
      - Tubi e raccordi
      - Gocciolatori o spruzzatori (se necessari)
   c) Sistema di aerazione:
      - Pompa dell'aria
      - Pietre porose
   d) Illuminazione (per sistemi interni):
      - Luci LED per coltivazione
      - Timer
   e) Monitoraggio e controllo:
      - pH-metro
      - EC-metro
      - Termometro

f) Substrato di coltivazione:
- Argilla espansa, perlite, lana di roccia, ecc.
g) Nutrienti:
- Soluzione nutritiva di base
- Eventuali integratori

3. Ricerca dei prezzi:
- Consulta diversi fornitori (negozi locali, online, rivenditori specializzati).
- Confronta i prezzi e la qualità dei prodotti.

4. Calcolo dei costi iniziali:
- Somma i costi di tutti i componenti principali.
- Aggiungi un 10-15% extra per imprevisti.

5. Stima dei costi operativi:
- Calcola il consumo elettrico mensile (pompe, luci, ecc.).
- Stima il costo mensile dei nutrienti e dell'acqua.
- Considera i costi di manutenzione e sostituzione periodica.

6. Creazione di un foglio di calcolo:
- Organizza tutti i costi in un foglio Excel o Google Sheets.
- Suddividi in costi iniziali e costi operativi mensili.

7. Valutazione delle opzioni di risparmio:
- Identifica componenti che possono essere acquistati usati o costruiti in casa.
- Considera l'acquisto di kit completi vs. componenti singoli.

8. Pianificazione degli acquisti:
- Prioritizza gli elementi essenziali.
- Crea un piano di acquisto scaglionato se necessario.

Esempio di budget per un piccolo sistema DWC (6 piante):

- Contenitore 50L: €20
- Coperchio e net pot: €15
- Pompa dell'aria: €25
- Pietre porose e tubi: €10
- pH-metro: €30
- EC-metro: €35
- Nutrienti (per 3 mesi): €40
- Argilla espansa: €15
- Luci LED: €100
- Timer: €15

Totale approssimativo: €305 + 15% per imprevisti = €350

Consigli pratici:
- Inizia con un sistema più piccolo e espandi gradualmente.
- Investi in strumenti di qualità per il monitoraggio (pH-metro, EC-metro).
- Non risparmiare sulla qualità dei nutrienti e dell'illuminazione.

Risoluzione dei problemi comuni:

1. Problema: Budget superiore alle aspettative
Soluzione:
- Rivedi la scala del progetto, inizia più piccolo.
- Cerca alternative più economiche per alcuni componenti.
- Considera l'autocostruzione di alcune parti (es. struttura di supporto).

2. Problema: Difficoltà nel trovare certi componenti
Soluzione:
- Esplora fornitori online specializzati in idroponica.
- Cerca alternative o sostituzioni creative (es. contenitori alimentari al posto di vasche specializzate).
- Unisciti a gruppi di appassionati di idroponica per consigli su fornitori locali.

3. Problema: Incertezza sui costi operativi
Soluzione:
- Monitora attentamente i consumi nel primo mese di funzionamento.
- Usa un misuratore di consumo elettrico per calcolare l'esatto consumo energetico.
- Confronta diverse marche di nutrienti per trovare il miglior rapporto qualità-prezzo.

4. Problema: Costi imprevisti durante l'installazione
Soluzione:
- Mantieni sempre un "fondo di emergenza" del 15-20% del budget totale.
- Fai una lista dettagliata di tutti i piccoli componenti necessari (es. fascette, colle, ecc.).
- Chiedi consiglio a coltivatori esperti su possibili costi nascosti.

5. Problema: Sovrastima o sottostima dei materiali necessari
Soluzione:
- Crea un piano dettagliato del sistema prima di acquistare.
- Acquista con un leggero eccesso, molti negozi accettano resi di prodotti non utilizzati.
- Per i nutrienti, inizia con quantità più piccole e riordina quando necessario.

Ricorda, un budget ben pianificato è la base di un sistema idroponico di successo. Prenditi il tempo necessario per ricercare e pianificare accuratamente. Non esitare a chiedere consigli a coltivatori esperti o a negozianti specializzati. Con una buona pianificazione, potrai creare un sistema efficiente e produttivo senza spendere una fortuna. Buona pianificazione e buon giardinaggio idroponico!

Capitolo 5
Componenti essenziali per il tuo sistema idroponico

Contenitori e supporti per le piante

I contenitori e i supporti per le piante sono elementi fondamentali in qualsiasi sistema idroponico. La loro scelta influenza direttamente la salute delle piante, l'efficienza del sistema e la facilità di manutenzione.

Tipi di contenitori e supporti:

1. Vasche di coltivazione:
   - Ideali per sistemi DWC o a flusso e riflusso.
   - Materiali: plastica alimentare, vetroresina, acciaio inox.
   - Dimensioni: da 20L per sistemi piccoli a 200L+ per impianti più grandi.

2. Net pot (cestelli forati):
   - Utilizzati in molti sistemi, specialmente DWC e aeroponici.
   - Diametri comuni: 5cm, 8cm, 10cm.
   - Materiale: plastica resistente agli UV.

3. Canalette per NFT:
   - Specifiche per sistemi NFT.
   - Lunghe e strette, con leggera pendenza.
   - Materiali: PVC, polipropilene.

4. Vasi per sistemi a goccia:
- Simili ai vasi tradizionali, ma con più fori di drenaggio.
- Dimensioni: da 1L a 20L, a seconda delle piante.

5. Supporti per colture verticali:
- Torri idroponiche o strutture a parete.
- Materiali: PVC, plastica alimentare.

Processo di selezione e installazione:

1. Scelta dei contenitori:
- Valuta le dimensioni in base alle piante e allo spazio disponibile.
- Opta per materiali durevoli e non tossici.
- Assicurati che siano opachi per prevenire la crescita di alghe.

2. Preparazione dei contenitori:
- Pulisci accuratamente con acqua e sapone neutro.
- Disinfetta con una soluzione di acqua e perossido di idrogeno al 3%.
- Sciacqua abbondantemente e lascia asciugare.

3. Modifica dei contenitori (se necessario):
- Pratica fori per il drenaggio o per l'inserimento dei net pot.
- Aggiungi connessioni per tubi di irrigazione o drenaggio.

4. Installazione dei supporti:
- Posiziona i net pot o i vasi nei fori predisposti.
- Assicurati che siano stabili e ben fissati.

5. Preparazione del substrato:
- Riempi i net pot o i vasi con il substrato scelto (es. argilla espansa, perlite).

- Lascia spazio sufficiente per le radici.

6. Posizionamento nel sistema:
- Disponi i contenitori in modo da garantire un accesso facile per la manutenzione.
- Assicurati che siano livellati per una distribuzione uniforme della soluzione nutritiva.

Consigli pratici:
- Usa contenitori leggermente sovradimensionati per permettere la crescita delle radici.
- Opta per colori chiari per i contenitori esterni per ridurre il surriscaldamento.
- Considera l'uso di coperture removibili per i contenitori più grandi.

Risoluzione dei problemi comuni:

1. Problema: Crescita di alghe nei contenitori
Soluzione:
- Usa contenitori completamente opachi o copri con materiale oscurante.
- Pulisci regolarmente i contenitori con una soluzione di perossido di idrogeno.
- Mantieni il livello della soluzione nutritiva sotto la base dei net pot.

2. Problema: Instabilità delle piante nei supporti
Soluzione:
- Usa collari in neoprene o spugne di supporto intorno al fusto della pianta.
- Aggiungi più substrato man mano che la pianta cresce.
- Per piante grandi, considera l'uso di tutori o supporti aggiuntivi.

3. Problema: Radici che fuoriescono dai net pot
Soluzione:
- È normale e spesso benefico. Lascia che le radici pendano nella soluzione.
- Per sistemi NFT, pota delicatamente le radici eccessive se ostruiscono il flusso.

4. Problema: Drenaggio insufficiente nei vasi
Soluzione:
- Aumenta il numero o la dimensione dei fori di drenaggio.
- Usa un substrato con migliore drenaggio (es. mescola perlite con fibra di cocco).
- Solleva leggermente i vasi per migliorare il flusso d'aria sotto di essi.

5. Problema: Surriscaldamento dei contenitori esterni
Soluzione:
- Dipingi i contenitori di bianco o avvolgili con materiale riflettente.
- Posiziona i contenitori in zone ombreggiate o usa teli ombreggianti.
- Per sistemi piccoli, considera l'uso di ghiaccio in bottiglie sigillate per raffreddare temporaneamente.

6. Problema: Deterioramento dei contenitori nel tempo
Soluzione:
- Scegli materiali di alta qualità resistenti ai raggi UV.
- Ispeziona regolarmente per segni di usura e sostituisci quando necessario.
- Per contenitori in plastica, considera una rotazione ogni 2-3 anni.

Ricorda, la scelta dei contenitori e dei supporti giusti è cruciale per il successo del tuo sistema idroponico. Prenditi il tempo per selezionare materiali di qualità e adatti alle tue specifiche esigenze di coltivazione. Con la giusta cura e manutenzione, questi componenti essenziali supporteranno una crescita sana e produttiva delle tue piante per molti cicli di coltivazione. Buon giardinaggio idroponico!

Pompe e sistemi di aerazione

Le pompe e i sistemi di aerazione sono componenti cruciali di un sistema idroponico, responsabili della circolazione dei nutrienti e dell'ossigenazione dell'acqua. Una corretta scelta e manutenzione di questi elementi è fondamentale per la salute delle piante.

Tipi di pompe:

1. Pompe sommergibili:
   - Usate per la circolazione della soluzione nutritiva.
   - Potenza: da 200 a 3000 litri/ora, a seconda delle dimensioni del sistema.

2. Pompe dell'aria:
   - Forniscono ossigeno alla soluzione nutritiva.
   - Capacità: da 2 a 60 litri/minuto, in base al volume del sistema.

Componenti del sistema di aerazione:
- Pietre porose
- Tubi dell'aria
- Valvole di non ritorno

Processo di selezione e installazione:

1. Scelta della pompa di circolazione:
   - Calcola il volume totale della soluzione nutritiva.
   - Scegli una pompa che possa circolare l'intero volume ogni ora.
   - Considera l'altezza di sollevamento necessaria.

2. Selezione della pompa dell'aria:
- Calcola 1 litro/minuto di capacità per ogni 4 litri di soluzione.
- Opta per modelli silenziosi per uso interno.

3. Installazione della pompa di circolazione:
- Posiziona la pompa nel punto più basso del serbatoio.
- Collega i tubi di distribuzione, assicurandoti che non ci siano pieghe.
- Installa una valvola di regolazione del flusso se necessario.

4. Montaggio del sistema di aerazione:
- Collega le pietre porose ai tubi dell'aria.
- Distribuisci le pietre uniformemente nel serbatoio.
- Installa valvole di non ritorno per prevenire il riflusso dell'acqua.

5. Collegamento elettrico:
- Usa prese con interruttore differenziale per sicurezza.
- Assicurati che i cavi non siano a contatto con l'acqua.

6. Test del sistema:
- Avvia le pompe e verifica che non ci siano perdite.
- Controlla la distribuzione uniforme delle bolle d'aria.

7. Regolazione fine:
- Adatta il flusso d'aria e di circolazione alle esigenze delle piante.
- Monitora la temperatura della soluzione, che potrebbe aumentare leggermente a causa delle pompe.

Consigli pratici:
- Usa pompe leggermente sovradimensionate per future espansioni.

- Installa un timer per spegnere periodicamente le pompe, risparmiando energia.
- Mantieni una pompa di riserva per emergenze.

Risoluzione dei problemi comuni:

1. Problema: Rumore eccessivo delle pompe
Soluzione:
- Posiziona le pompe su supporti anti-vibrazione.
- Verifica che non ci siano oggetti che vibrano a contatto con le pompe.
- Considera l'acquisto di modelli più silenziosi.

2. Problema: Flusso d'aria o di acqua ridotto
Soluzione:
- Pulisci i filtri e le pietre porose da eventuali ostruzioni.
- Verifica che i tubi non siano piegati o schiacciati.
- Controlla le valvole di regolazione del flusso.

3. Problema: Pompa che non si avvia
Soluzione:
- Verifica l'alimentazione elettrica.
- Controlla che la girante non sia bloccata da detriti.
- Pulisci accuratamente la pompa e riavvia.

4. Problema: Surriscaldamento della pompa
Soluzione:
- Assicurati che la pompa sia completamente sommersa (per quelle sommergibili).
- Verifica che non ci siano ostruzioni che forzano il motore.
- Considera l'uso di una pompa più potente se sovraccaricata.

5. Problema: Bolle d'aria troppo grandi o irregolari
Soluzione:
- Pulisci o sostituisci le pietre porose.
- Regola la pressione dell'aria con una valvola.
- Verifica che le pietre porose non siano danneggiate.

6. Problema: Formazione di alghe nelle tubature
Soluzione:
- Usa tubi opachi o copri quelli trasparenti.
- Pulisci regolarmente il sistema con una soluzione di perossido di idrogeno.
- Mantieni la temperatura della soluzione sotto i 21°C se possibile.

7. Problema: Perdite nei collegamenti
Soluzione:
- Usa fascette stringitubo di qualità.
- Applica sigillante siliconico per idroponica nei punti critici.
- Sostituisci i tubi danneggiati o deteriorati.

Ricorda, un sistema di pompaggio e aerazione efficiente è il cuore di un sistema idroponico di successo. La manutenzione regolare e l'attenzione ai dettagli sono fondamentali. Non sottovalutare l'importanza di questi componenti: un'adeguata ossigenazione e circolazione dei nutrienti porterà a una crescita rigogliosa e a raccolti abbondanti. Buon giardinaggio idroponico!

Illuminazione artificiale per la crescita indoor

L'illuminazione artificiale è fondamentale per la coltivazione idroponica indoor, simulando la luce solare e fornendo l'energia necessaria per la fotosintesi. Una corretta illuminazione è essenziale per una crescita sana e una produzione ottimale.

Tipi di illuminazione artificiale:

1. LED (Light Emitting Diode):
   - Molto efficienti energeticamente.
   - Producono poco calore.
   - Lunga durata (fino a 50.000 ore).
   - Spettro luminoso personalizzabile.

2. Fluorescenti (CFL e T5):
   - Economici e facili da trovare.
   - Ideali per piantine e piante a bassa richiesta luminosa.
   - Producono calore moderato.

3. HID (High Intensity Discharge):
   - HPS (High Pressure Sodium): ideali per fioritura.
   - MH (Metal Halide): ottimi per la fase vegetativa.
   - Molto potenti ma producono molto calore.

Processo di selezione e installazione:

1. Valutazione delle esigenze delle piante:
   - Identifica le piante da coltivare e le loro esigenze luminose.
   - Considera le fasi di crescita (germinazione, vegetativa, fioritura).

2. Calcolo della superficie da illuminare:
- Misura l'area di coltivazione in metri quadrati.
- Considera l'altezza disponibile per il posizionamento delle luci.

3. Scelta del tipo di illuminazione:
- Per la maggior parte delle colture indoor, i LED sono la scelta migliore.
- Seleziona luci con uno spettro completo o combinazioni di luci per diverse fasi di crescita.

4. Calcolo della potenza necessaria:
- Come regola generale, punta a 30-50 watt per piede quadrato (0,09 m²) per LED ad alta efficienza.
- Per piante ad alta richiesta luminosa, aumenta fino a 60-80 watt per piede quadrato.

5. Installazione delle luci:
- Monta le luci su supporti regolabili in altezza.
- Assicurati che la struttura sia robusta e sicura.
- Mantieni una distanza iniziale di 30-60 cm dalle piante, regolabile in base alla crescita.

6. Impostazione dei tempi di illuminazione:
- Usa un timer per automatizzare i cicli di luce.
- Per la maggior parte delle piante: 16-18 ore di luce per la fase vegetativa, 12 ore per la fioritura.

7. Monitoraggio e regolazione:
- Osserva la reazione delle piante e regola l'altezza delle luci se necessario.
- Controlla la temperatura dell'ambiente, aumentando la ventilazione se necessario.

Consigli pratici:
- Usa riflettori o pareti bianche per massimizzare l'efficienza luminosa.
- Considera l'uso di luci supplementari per spettri specifici (es. luci UV per aumentare la produzione di oli essenziali).
- Ruota periodicamente le piante per garantire un'illuminazione uniforme.

Risoluzione dei problemi comuni:

1. Problema: Piante allungate o filate
Soluzione:
- Avvicina le luci alle piante.
- Aumenta l'intensità luminosa o le ore di esposizione.
- Verifica che lo spettro luminoso sia adeguato alla fase di crescita.

2. Problema: Bruciature sulle foglie
Soluzione:
- Aumenta la distanza tra le luci e le piante.
- Riduce l'intensità luminosa se possibile.
- Migliora la ventilazione per dissipare il calore.

3. Problema: Crescita irregolare
Soluzione:
- Assicurati che la luce sia distribuita uniformemente.
- Ruota regolarmente le piante.
- Usa riflettori per migliorare la distribuzione della luce.

4. Problema: Consumi energetici elevati
Soluzione:
- Passa a luci LED più efficienti.
- Ottimizza i tempi di illuminazione.

- Usa riflettori per massimizzare l'efficienza luminosa.

5. Problema: Temperatura ambiente troppo alta
Soluzione:
- Migliora la ventilazione dell'area di coltivazione.
- Considera l'uso di luci che producono meno calore (come i LED).
- Installa un sistema di raffreddamento se necessario.

6. Problema: Fioritura o fruttificazione insufficiente
Soluzione:
- Verifica che lo spettro luminoso sia adeguato alla fase di fioritura (più luce rossa).
- Assicurati che il ciclo di luce/buio sia corretto per indurre la fioritura.
- Considera l'aggiunta di luci supplementari specifiche per la fioritura.

7. Problema: Luci che si bruciano frequentemente
Soluzione:
- Verifica che l'impianto elettrico sia adeguato al carico.
- Usa stabilizzatori di corrente per proteggere le luci.
- Investi in luci di qualità superiore con una maggiore durata.

Ricorda, l'illuminazione è un fattore critico per il successo della coltivazione idroponica indoor. Un'illuminazione adeguata non solo promuove una crescita sana, ma può anche migliorare significativamente la qualità e la quantità del raccolto. Non esitare a sperimentare con diverse configurazioni luminose per trovare la soluzione ottimale per le tue specifiche colture. Con la giusta illuminazione, potrai godere di raccolti abbondanti tutto l'anno, indipendentemente dalle condizioni esterne. Buona coltivazione!

Timer e controlli automatizzati

L'automazione è un elemento chiave per un sistema idroponico efficiente e di successo. Timer e controlli automatizzati permettono di gestire con precisione illuminazione, irrigazione, e altri parametri critici, garantendo condizioni ottimali per la crescita delle piante e riducendo il lavoro manuale.

Componenti principali:

1. Timer:
   - Timer meccanici: semplici ed economici, ideali per principianti.
   - Timer digitali: più precisi, con programmazione avanzata.
   - Timer Wi-Fi: controllabili tramite smartphone.

2. Controlli automatizzati:
   - Centraline di controllo pH ed EC.
   - Termostati per il controllo della temperatura.
   - Sensori di umidità.
   - Sistemi di gestione del clima (temperatura e umidità).

Processo di implementazione:

1. Valutazione delle esigenze:
   - Identifica quali processi necessitano di automazione (es. illuminazione, irrigazione, controllo pH).
   - Determina il livello di complessità desiderato.

2. Selezione dei dispositivi:
   - Scegli timer adeguati per ogni funzione (es. timer separati per luci e pompe).
   - Seleziona controlli automatizzati in base alle tue esigenze specifiche.

3. Installazione dei timer:
- Collega i timer alle prese elettriche.
- Assicurati che i dispositivi da controllare siano collegati correttamente ai timer.

4. Configurazione dei timer:
- Imposta i cicli di accensione/spegnimento per luci e pompe.
- Per le luci: generalmente 16-18 ore accese per la fase vegetativa, 12 ore per la fioritura.
- Per le pompe: cicli di 15 minuti ogni 45 minuti, adattabili in base alle esigenze.

5. Installazione dei controlli automatizzati:
- Posiziona i sensori nei punti appropriati del sistema.
- Collega i sensori alla centralina di controllo.
- Calibra i sensori seguendo le istruzioni del produttore.

6. Programmazione dei controlli:
- Imposta i valori desiderati per pH, EC, temperatura, ecc.
- Configura gli allarmi per condizioni fuori range.

7. Test del sistema:
- Verifica che tutti i dispositivi si attivino/disattivino correttamente.
- Controlla che i sensori rilevino accuratamente i parametri.

8. Monitoraggio e regolazione:
- Osserva il sistema per alcuni giorni, apportando modifiche se necessario.
- Mantieni un registro delle impostazioni e delle performance.

Consigli pratici:
- Usa prese multiple con protezione da sovratensioni per proteggere i dispositivi.
- Etichetta chiaramente tutti i cavi e i dispositivi per facilitare la manutenzione.
- Considera l'uso di un sistema di backup per funzioni critiche come l'irrigazione.

Risoluzione dei problemi comuni:

1. Problema: Timer che non si attiva/disattiva correttamente
Soluzione:
- Verifica le impostazioni e l'orario corrente del timer.
- Controlla la connessione elettrica.
- Sostituisci le batterie di backup se presenti.

2. Problema: Letture imprecise dei sensori
Soluzione:
- Ricalibrare i sensori seguendo le istruzioni del produttore.
- Pulisci i sensori da eventuali depositi.
- Verifica che i sensori siano posizionati correttamente nel sistema.

3. Problema: Fluttuazioni eccessive nei parametri controllati
Soluzione:
- Regola la sensibilità dei controlli automatizzati.
- Verifica che non ci siano interferenze esterne (es. correnti d'aria per i sensori di temperatura).
- Considera l'aggiunta di tamponi per stabilizzare pH ed EC.

4. Problema: Malfunzionamento del sistema Wi-Fi
Soluzione:
- Verifica la connessione internet e il segnale Wi-Fi nell'area.

- Riavvia il router e i dispositivi connessi.
- Aggiorna il firmware dei dispositivi se disponibile.

5. Problema: Consumo energetico eccessivo
Soluzione:
- Rivedi i cicli di funzionamento per ottimizzare l'efficienza.
- Sostituisci dispositivi vecchi con modelli più efficienti energeticamente.
- Usa timer con funzione di risparmio energetico.

6. Problema: Allarmi frequenti o falsi allarmi
Soluzione:
- Rivedi e adatta i limiti degli allarmi.
- Verifica che i sensori non siano influenzati da fattori esterni.
- Considera l'aggiunta di un ritardo agli allarmi per evitare falsi positivi.

7. Problema: Sincronizzazione errata tra dispositivi
Soluzione:
- Usa un'unica fonte per l'orario (es. sincronizzazione internet).
- Verifica che tutti i dispositivi siano impostati sullo stesso fuso orario.
- Considera l'uso di un sistema di controllo centralizzato per tutti i dispositivi.

Ricorda, l'automazione può notevolmente migliorare l'efficienza e la produttività del tuo sistema idroponico, ma richiede una configurazione attenta e un monitoraggio regolare. Inizia con un livello di automazione che ti senti di gestire e espandi gradualmente man mano che acquisisci familiarità con il sistema. Con la giusta configurazione, potrai godere di un sistema idroponico che richiede meno interventi manuali e produce risultati più consistenti. Buona coltivazione automatizzata!

Capitolo 6
Installazione passo-passo del tuo sistema idroponico

Preparazione dell'area di coltivazione

La preparazione adeguata dell'area di coltivazione è fondamentale per il successo del tuo sistema idroponico. Un'area ben organizzata e preparata garantirà un ambiente ottimale per la crescita delle piante e faciliterà la gestione del sistema.

Processo passo-passo:

1. Scelta della location:
   - Seleziona un'area con accesso a elettricità e acqua.
   - Assicurati che lo spazio sia sufficientemente ampio per il sistema e per muoversi comodamente.
   - Verifica che il pavimento sia in grado di supportare il peso del sistema pieno d'acqua.

2. Pulizia dell'area:
   - Rimuovi tutti gli oggetti non necessari.
   - Pulisci accuratamente il pavimento e le pareti.
   - Disinfetta l'area con una soluzione di acqua e candeggina diluita (1:10).

3. Impermeabilizzazione:
   - Se necessario, applica un rivestimento impermeabile al pavimento.
   - Installa una barriera anti-umidità se l'area è soggetta a umidità.

4. Organizzazione dello spazio:
- Disegna uno schema del layout del tuo sistema.
- Marca sul pavimento le posizioni dei componenti principali.

5. Installazione dell'illuminazione ambientale:
- Monta luci generali per l'area di lavoro.
- Assicurati che l'illuminazione sia sufficiente per lavorare comodamente.

6. Preparazione dell'impianto elettrico:
- Installa prese elettriche aggiuntive se necessario.
- Usa prese con interruttore differenziale per sicurezza.
- Organizza i cavi con canaline per evitare rischi di inciampo.

7. Sistema di ventilazione:
- Installa ventilatori per la circolazione dell'aria.
- Se necessario, predisponi un sistema di estrazione per controllare l'umidità.

8. Controllo della temperatura:
- Installa un termometro/igrometro per monitorare le condizioni ambientali.
- Predisponi sistemi di riscaldamento o raffreddamento se necessario.

9. Area di stoccaggio:
- Organizza scaffali o armadietti per nutrienti, strumenti e ricambi.
- Etichetta chiaramente tutti i contenitori.

10. Sistema di drenaggio:
- Installa un sistema di scarico per l'acqua in eccesso.
- Assicurati che il pavimento abbia una leggera pendenza verso lo scarico.

11. Preparazione delle superfici di lavoro:
- Installa un banco da lavoro per la preparazione delle soluzioni nutritive.
- Predisponi una zona per il monitoraggio (pH, EC, ecc.).

12. Igiene e sicurezza:
- Installa una stazione di lavaggio mani.
- Posiziona un estintore e un kit di pronto soccorso in un luogo accessibile.

Consigli pratici:
- Usa colori chiari per pareti e pavimenti per migliorare la luminosità.
- Installa tappetini antiscivolo nelle aree ad alto traffico.
- Crea un "muro degli strumenti" per tenere tutto a portata di mano.

Risoluzione dei problemi comuni:

1. Problema: Umidità eccessiva
Soluzione:
- Aumenta la ventilazione installando deumidificatori o ventilatori più potenti.
- Applica un rivestimento antimuffa alle pareti.
 Usa substrati che trattengono meno umidità.

2. Problema: Temperatura instabile
Soluzione:
- Isola meglio l'area (es. installando pannelli isolanti).
- Usa tende termiche per separare zone con temperature diverse.
- Installa un sistema di controllo climatico automatizzato.

3. Problema: Scarsa illuminazione ambientale
Soluzione:
- Aggiungi luci LED a spettro completo per l'illuminazione generale.
- Usa superfici riflettenti per massimizzare la luce disponibile.
- Considera l'installazione di lucernari se possibile.

4. Problema: Contaminazioni frequenti
Soluzione:
- Implementa una routine di pulizia e disinfezione più rigorosa.
- Usa calzari e indumenti dedicati nell'area di coltivazione.
- Installa una stazione di disinfezione all'ingresso dell'area.

5. Problema: Spazio limitato
Soluzione:
- Ottimizza il layout utilizzando sistemi verticali.
- Usa scaffalature mobili per creare corridoi flessibili.
- Implementa un sistema di rotazione delle colture per massimizzare l'uso dello spazio.

6. Problema: Rumore eccessivo
Soluzione:
- Installa pannelli fonoassorbenti.
- Usa supporti antivibrazioni per pompe e altri dispositivi rumorosi.
- Considera l'uso di pompe e ventilatori più silenziosi.

7. Problema: Difficoltà nel monitoraggio
Soluzione:
- Crea una "stazione di controllo" centralizzata con tutti gli strumenti di misurazione.

- Implementa un sistema di monitoraggio digitale con sensori wireless.
- Mantieni un registro dettagliato e visibile delle misurazioni e delle attività.

Ricorda, una preparazione accurata dell'area di coltivazione pone le basi per un sistema idroponico di successo. Prenditi il tempo necessario per organizzare e ottimizzare lo spazio prima di iniziare l'installazione del sistema vero e proprio. Un ambiente ben progettato non solo faciliterà il tuo lavoro, ma contribuirà anche a mantenere le tue piante sane e produttive. Buona preparazione e buon giardinaggio idroponico!

Montaggio del sistema di supporto

Il sistema di supporto è fondamentale per sostenere i contenitori delle piante, le luci e altri componenti del tuo sistema idroponico. Un supporto robusto e ben progettato garantirà stabilità e sicurezza al tuo impianto.

Processo passo-passo:

1. Progettazione del supporto:
    - Disegna uno schema dettagliato del sistema di supporto.
    - Calcola il peso totale che il supporto dovrà sostenere (piante, acqua, luci, ecc.).
    - Scegli materiali adatti: acciaio inox, alluminio o PVC resistente.

2. Raccolta dei materiali:
    - Acquista tubi, giunti, viti e bulloni necessari.
    - Procurati gli strumenti: chiavi inglesi, livella, trapano, metro.

3. Preparazione dell'area:
    - Pulisci e livella la superficie dove monterai il supporto.
    - Segna sul pavimento i punti dove verranno posizionati i montanti.

4. Assemblaggio della struttura base:
    - Inizia montando i montanti verticali.
    - Assicurati che siano perfettamente verticali usando una livella.
    - Collega le traverse orizzontali ai montanti.

5. Installazione dei ripiani:
- Monta i supporti per i ripiani, assicurandoti che siano livellati.
- Fissa i ripiani ai supporti, verificando che siano stabili.

6. Rinforzo della struttura:
- Aggiungi diagonali o croci di Sant'Andrea per aumentare la stabilità.
- Serra tutti i bulloni e le viti per garantire la massima solidità.

7. Installazione del sistema di illuminazione:
- Monta le barre o i ganci per sostenere le luci.
- Assicurati che il supporto possa reggere il peso delle luci.

8. Predisposizione per l'impianto idrico:
- Installa supporti per tubi e pompe.
- Prevedi passaggi per i cavi elettrici e i tubi dell'acqua.

9. Test di carico:
- Applica gradualmente il peso previsto su ogni ripiano.
- Osserva eventuali flessioni o instabilità e correggi se necessario.

10. Finitura:
- Applica una vernice protettiva se il materiale lo richiede.
- Installa protezioni in gomma sui bordi taglienti.

Consigli pratici:
- Usa materiali resistenti alla corrosione per evitare problemi futuri.
- Prevedi sempre una capacità di carico superiore a quella che pensi di utilizzare.

- Lascia spazio sufficiente tra i ripiani per la crescita delle piante e la manutenzione.

Risoluzione dei problemi comuni:

1. Problema: Struttura instabile
Soluzione:
- Aggiungi ulteriori rinforzi diagonali.
- Verifica e serra nuovamente tutti i collegamenti.
- Usa ancoraggi a pavimento o a parete per maggiore stabilità.

2. Problema: Ripiani non livellati
Soluzione:
- Usa spessori per correggere piccole differenze.
- Ricontrolla tutte le misurazioni e regola di conseguenza.
- Considera l'uso di piedini regolabili per una facile livellatura.

3. Problema: Flessione dei ripiani sotto carico
Soluzione:
- Aggiungi supporti centrali ai ripiani più lunghi.
- Usa materiali più robusti o aumenta lo spessore dei ripiani.
- Distribuisci il peso in modo più uniforme.

4. Problema: Difficoltà nel montaggio delle luci
Soluzione:
- Installa una barra trasversale dedicata per le luci.
- Usa catene o cavi regolabili per una facile regolazione dell'altezza.
- Considera l'uso di bracci articolati per una maggiore flessibilità.

5. Problema: Corrosione dei materiali
Soluzione:
- Applica una vernice antiruggine o un rivestimento protettivo.
- Sostituisci i componenti arrugginiti con materiali più resistenti.
- Migliora la ventilazione per ridurre l'umidità.

6. Problema: Vibrazioni eccessive
Soluzione:
- Installa cuscinetti in gomma tra i componenti.
- Verifica e serra tutti i collegamenti.
- Aggiungi masse di smorzamento in punti strategici.

7. Problema: Difficoltà nell'accesso alle piante
Soluzione:
- Progetta ripiani scorrevoli o estraibili.
- Crea passaggi più ampi tra le file di piante.
- Considera l'uso di piattaforme mobili per raggiungere le aree più alte.

Ricorda, un sistema di supporto ben progettato e costruito è la spina dorsale del tuo impianto idroponico. Prenditi il tempo necessario per pianificare e costruire con cura, considerando non solo le esigenze attuali ma anche le possibili espansioni future. Un supporto solido e ben pensato ti garantirà anni di coltivazione sicura e produttiva. Buon montaggio e buon giardinaggio idroponico!

Installazione dell'impianto idraulico ed elettrico

Un'installazione corretta degli impianti idraulico ed elettrico è cruciale per il funzionamento efficiente e sicuro del tuo sistema idroponico. Questi sistemi forniscono l'acqua, i nutrienti e l'energia necessari per la crescita delle piante.

Processo passo-passo:

1. Pianificazione:
   - Disegna uno schema dettagliato di entrambi gli impianti.
   - Calcola il fabbisogno idrico ed elettrico del sistema.
   - Identifica i punti di accesso per acqua ed elettricità.

2. Impianto idraulico:

   a) Preparazione dei materiali:
   - Tubi in PVC o polietilene
   - Raccordi, valvole e giunti
   - Pompa dell'acqua
   - Filtro dell'acqua
   - Serbatoio per la soluzione nutritiva

   b) Installazione:
   - Posiziona il serbatoio principale in un punto facilmente accessibile.
   - Installa la pompa dell'acqua, assicurandoti che sia sotto il livello del liquido.
   - Collega i tubi principali dalla pompa ai vari punti di distribuzione.
   - Installa valvole di controllo per regolare il flusso.
   - Collega i tubi secondari ai singoli contenitori delle piante.

- Installa un sistema di drenaggio per il recupero dell'acqua in eccesso.
c) Test del sistema:
- Verifica tutte le connessioni per eventuali perdite.
- Testa la pressione dell'acqua e regola se necessario.

3. Impianto elettrico:

a) Preparazione dei materiali:
- Cavi elettrici resistenti all'acqua
- Prese e interruttori impermeabili
- Quadro elettrico con interruttore differenziale
- Timer per luci e pompe

b) Installazione:
- Installa il quadro elettrico principale in un luogo asciutto e accessibile.
- Passa i cavi elettrici in canaline impermeabili, lontano dall'acqua.
- Collega le luci di crescita, assicurandoti che siano sospese in modo sicuro.
- Installa prese impermeabili per pompe e altri dispositivi.
- Collega i timer per automatizzare luci e pompe.

c) Sicurezza:
- Assicurati che tutti i collegamenti siano a prova di acqua.
- Installa interruttori differenziali su tutti i circuiti.
- Etichetta chiaramente tutti gli interruttori e i cavi.

4. Integrazione dei sistemi:
- Collega i sensori di umidità e pH al sistema di controllo.
- Installa un sistema di allarme per rilevare anomalie (es. perdite d'acqua, interruzioni di corrente).

5. Test finale:
- Avvia il sistema e monitora attentamente per le prime 24-48 ore.
- Verifica che tutti i componenti funzionino correttamente.

Consigli pratici:
- Usa sempre materiali di alta qualità resistenti all'umidità e alla corrosione.
- Prevedi punti di accesso per la manutenzione in tutte le parti del sistema.
- Implementa un sistema di backup per componenti critici (es. pompe, luci).

Risoluzione dei problemi comuni:

1. Problema: Perdite d'acqua
Soluzione:
- Verifica e serra tutti i raccordi.
- Usa nastro in Teflon per sigillare le connessioni filettate.
- Sostituisci eventuali tubi o raccordi danneggiati.

2. Problema: Pressione dell'acqua irregolare
Soluzione:
- Verifica che la pompa sia dimensionata correttamente.
- Pulisci o sostituisci i filtri intasati.
- Installa un regolatore di pressione se necessario.

3. Problema: Cortocircuiti elettrici
Soluzione:
- Ispeziona e sostituisci eventuali cavi danneggiati.
- Assicurati che tutte le connessioni elettriche siano impermeabili.
- Installa interruttori differenziali aggiuntivi se necessario.

4. Problema: Luci che non si accendono
Soluzione:
- Controlla le connessioni e i timer.
- Verifica che il ballast (se presente) funzioni correttamente.
- Sostituisci le lampadine o i LED difettosi.

5. Problema: Pompa che non funziona
Soluzione:
- Verifica l'alimentazione elettrica e le connessioni.
- Pulisci la pompa da eventuali detriti.
- Controlla che la pompa non sia in blocco a causa dell'aria.

6. Problema: Distribuzione irregolare dell'acqua
Soluzione:
- Pulisci o sostituisci i gocciolatori intasati.
- Verifica che i tubi non siano piegati o schiacciati.
- Bilancia il sistema regolando le valvole di controllo.

7. Problema: Surriscaldamento dei componenti elettrici
Soluzione:
- Migliora la ventilazione intorno ai dispositivi elettrici.
- Verifica che i cavi siano dimensionati correttamente per il carico.
- Considera l'installazione di ventole di raffreddamento aggiuntive.

Ricorda, un'installazione accurata degli impianti idraulico ed elettrico è fondamentale per la sicurezza e l'efficienza del tuo sistema idroponico. Se non hai esperienza con questi tipi di installazioni, è consigliabile consultare un professionista. La sicurezza deve sempre essere la priorità principale quando si lavora con acqua ed elettricità. Con un sistema ben installato e mantenuto, potrai goderti una coltivazione idroponica produttiva e senza problemi.

Test e regolazione del sistema

Una volta completata l'installazione del tuo sistema idroponico, è fondamentale eseguire una serie di test e regolazioni per assicurarti che tutto funzioni in modo ottimale prima di introdurre le piante. Questo processo ti aiuterà a identificare e risolvere eventuali problemi, garantendo un ambiente di crescita ideale per le tue colture.

Processo passo-passo:

1. Ispezione visiva:
   - Controlla tutte le connessioni idrauliche ed elettriche.
   - Verifica che tutti i componenti siano installati correttamente.
   - Assicurati che non ci siano perdite o danni visibili.

2. Test del sistema idraulico:
   a) Riempimento del serbatoio:
   - Riempi il serbatoio principale con acqua pulita (senza nutrienti).
   - Verifica che il livello dell'acqua sia corretto.

   b) Avvio della pompa:
   - Accendi la pompa e osserva il flusso dell'acqua.
   - Controlla che l'acqua raggiunga uniformemente tutti i punti di distribuzione.

   c) Verifica delle perdite:
   - Ispeziona attentamente tutti i raccordi e le connessioni.
   - Osserva il sistema in funzione per almeno 30 minuti.

   d) Test del drenaggio:
   - Verifica che l'acqua ritorni correttamente al serbatoio principale.

- Controlla che non ci siano ostruzioni nel sistema di drenaggio.

3. Test del sistema elettrico:
 a) Illuminazione:
 - Accendi tutte le luci e verifica che funzionino correttamente.
 - Testa i timer per assicurarti che si accendano e spengano agli orari programmati.

 b) Pompe e ventilatori:
 - Verifica il funzionamento di tutte le pompe e i ventilatori.
 - Controlla che i timer associati funzionino correttamente.

 c) Sensori e controlli:
 - Testa i sensori di pH, EC e temperatura.
 - Verifica che i sistemi di controllo automatico rispondano correttamente.

4. Calibrazione dei sensori:
 - Calibra il pH-metro usando soluzioni tampone standard.
 - Calibra l'EC-metro con una soluzione di calibrazione.
 - Regola i termometri se necessario.

5. Test della soluzione nutritiva:
 - Prepara una soluzione nutritiva di prova.
 - Misura e regola il pH e l'EC della soluzione.
 - Fai circolare la soluzione nel sistema e verifica che i valori rimangano stabili.

6. Regolazione del flusso:
 Regola le valvole per ottenere un flusso uniforme in tutto il sistema.

- Verifica che ogni punto di irrigazione riceva la giusta quantità di soluzione.

7. Test dei cicli di irrigazione:
- Programma i cicli di irrigazione previsti.
- Osserva il sistema durante diversi cicli per assicurarti che funzioni correttamente.

8. Monitoraggio della temperatura e dell'umidità:
- Verifica che il sistema di controllo climatico mantenga le condizioni desiderate.
- Regola ventilatori, riscaldatori o raffreddatori se necessario.

9. Test di stress:
- Fai funzionare il sistema continuamente per 24-48 ore.
- Monitora tutti i parametri e annota eventuali fluttuazioni o anomalie.

Consigli pratici:
- Mantieni un registro dettagliato di tutti i test e le regolazioni effettuate.
- Scatta foto o fai video del sistema in funzione per riferimenti futuri.
- Esegui test regolari anche dopo l'avvio del sistema per garantire prestazioni ottimali.

Risoluzione dei problemi comuni:

1. Problema: Flusso d'acqua non uniforme
Soluzione:
- Pulisci eventuali ostruzioni nei tubi o nei gocciolatori.
- Regola le valvole di controllo del flusso.

- Verifica che la pompa sia sufficientemente potente per il sistema.

2. Problema: Fluttuazioni di pH o EC
Soluzione:
- Ricalibrare i sensori.
- Verifica la qualità dell'acqua di base.
- Considera l'uso di soluzioni tampone per stabilizzare il pH.

3. Problema: Temperatura instabile
Soluzione:
- Migliora l'isolamento del serbatoio della soluzione nutritiva.
- Regola la ventilazione dell'area di coltivazione.
- Considera l'aggiunta di un chiller o di un riscaldatore per la soluzione.

4. Problema: Timer che non funzionano correttamente
Soluzione:
- Verifica le impostazioni e l'alimentazione elettrica.
- Sostituisci le batterie di backup se presenti.
- Considera l'uso di timer digitali più affidabili.

5. Problema: Perdite persistenti
Soluzione:
  Applica sigillante per idroponica sulle connessioni problematiche.
- Sostituisci i componenti danneggiati o usurati.
- Verifica che non ci siano vibrazioni eccessive che causano allentamenti.

6. Problema: Accumulo di sali o alghe
Soluzione:
- Aumenta la frequenza dei cicli di lavaggio del sistema.
- Usa coperture opache per prevenire la crescita di alghe.
- Considera l'uso di un sistema di filtrazione UV.

7. Problema: Rumore eccessivo
Soluzione:
- Isola le pompe e altri dispositivi rumorosi con materiali fonoassorbenti.
- Verifica che non ci siano parti allentate che causano vibrazioni.
- Considera la sostituzione con modelli più silenziosi.

Ricorda, un test approfondito e una regolazione accurata del tuo sistema idroponico sono investimenti di tempo che ripagheranno in termini di prestazioni e affidabilità a lungo termine. Non avere fretta in questa fase: più tempo dedichi ai test e alle regolazioni, meno problemi incontrerai una volta che il sistema sarà in piena produzione. Sii paziente, meticoloso e prendi nota di tutto. Con un sistema ben testato e regolato, sarai sulla strada giusta per una coltivazione idroponica di successo!

Capitolo 7
Scelta e cura delle piante per il tuo giardino idroponico

Verdure ideali per la coltivazione idroponica

La coltivazione idroponica offre l'opportunità di coltivare una vasta gamma di verdure in modo efficiente e controllato. Alcune verdure, tuttavia, si adattano particolarmente bene a questo metodo di coltivazione.

Verdure ideali per l'idroponica:

1. Lattuga e insalate a foglia:
   - Varietà: Romana, Iceberg, Rucola, Spinaci
   - Vantaggi: Crescita rapida, ciclo breve, adatte a sistemi NFT

2. Pomodori:
   - Varietà: Ciliegino, Datterino, San Marzano
   - Vantaggi: Alta resa, controllo preciso dei nutrienti

3. Peperoni:
   - Varietà: Peperoncini, Peperoni dolci
   - Vantaggi: Produzione continua, buon controllo della qualità

4. Cetrioli:
   - Varietà: Cetrioli da insalata, Cetriolini
   - Vantaggi: Crescita rapida, alta produttività

5. Erbe aromatiche:
- Varietà: Basilico, Prezzemolo, Menta, Coriandolo
- Vantaggi: Aroma intenso, crescita rapida, raccolto continuo

6. Cavoli:
- Varietà: Broccoli, Cavolfiori, Cavolo riccio
- Vantaggi: Ricchi di nutrienti, adatti a sistemi DWC

Processo di selezione e cura:

1. Valutazione del sistema:
- Considera lo spazio disponibile e il tipo di sistema idroponico.
- Valuta la capacità di controllo ambientale (luce, temperatura, umidità).

2. Scelta delle varietà:
- Seleziona varietà adatte alla coltivazione idroponica.
- Opta per varietà compatte per sistemi con spazio limitato.

3. Preparazione dei semi o delle piantine:
- Per i semi: utilizza cubetti di lana di roccia o spugne di propagazione.
- Per le piantine: rimuovi delicatamente il terriccio dalle radici.

4. Trapianto nel sistema idroponico:
- Posiziona le piantine nei net pot o nei supporti del sistema.
- Assicurati che le radici siano a contatto con la soluzione nutritiva.

5. Regolazione dei nutrienti:
- Inizia con una soluzione nutritiva bilanciata.
- Adatta la concentrazione dei nutrienti in base alla fase di crescita.

6. Gestione dell'illuminazione:
- Fornisci 14-16 ore di luce per la maggior parte delle verdure.
- Regola l'intensità luminosa in base alle esigenze specifiche.

7. Controllo della temperatura e dell'umidità:
- Mantieni la temperatura tra 18-24°C per la maggior parte delle verdure.
- Controlla l'umidità per prevenire malattie fungine.

8. Monitoraggio e manutenzione:
- Controlla quotidianamente pH ed EC della soluzione nutritiva.
- Ispeziona regolarmente le piante per segni di malattie o carenze.

9. Potatura e supporto:
- Pota le piante per favorire una crescita compatta.
- Usa tutori o reti di supporto per piante rampicanti come pomodori e cetrioli.

10. Raccolta:
- Raccogli le verdure al momento giusto di maturazione.
- Per erbe e insalate, usa il metodo "taglia e ricresci" per una produzione continua.

Consigli pratici:
- Inizia con verdure facili come lattuga ed erbe aromatiche.
- Ruota le colture per ottimizzare l'uso del sistema e prevenire malattie.
- Mantieni un diario di coltivazione per tracciare successi e problemi.

Risoluzione dei problemi comuni:

1. Problema: Crescita lenta o stentata
Soluzione:
- Verifica i livelli di nutrienti e regola se necessario.
- Aumenta l'intensità luminosa o il periodo di illuminazione.
- Controlla la temperatura e l'umidità dell'ambiente.

2. Problema: Foglie ingiallite o scolorite
Soluzione:
- Controlla il pH della soluzione nutritiva e regolalo tra 5.5 e 6.5.
- Verifica eventuali carenze nutrizionali e integra i nutrienti mancanti.
- Assicurati che la pianta riceva sufficiente luce.

3. Problema: Marciume radicale
Soluzione:
- Aumenta l'ossigenazione della soluzione nutritiva.
- Riduci l'umidità ambientale e migliora la circolazione dell'aria.
- Usa prodotti a base di enzimi benefici per prevenire il marciume.

4. Problema: Infestazione da insetti
Soluzione:
- Implementa un controllo biologico con insetti predatori.
- Usa trappole adesive per monitorare e catturare gli insetti.
- Applica saponi insetticidi o oli naturali come neem.

5. Problema: Fioritura precoce (per verdure a foglia)
Soluzione:
- Controlla che la temperatura non sia troppo alta.
- Assicurati che il fotoperiodo sia corretto per la fase vegetativa.
- Considera l'uso di varietà resistenti alla fioritura precoce.

6. Problema: Frutti che non si sviluppano (pomodori, peperoni)
Soluzione:
- Verifica l'impollinazione (usa un pennello o ventilatori per piante da interno).
- Controlla i livelli di calcio e potassio nella soluzione nutritiva.
- Assicurati che la temperatura notturna non sia troppo alta.

7. Problema: Sapore insipido delle verdure
Soluzione:
- Aumenta leggermente l'EC della soluzione nutritiva.
- Esponi le piante a un po' di "stress" controllato (es. leggera riduzione dell'acqua).
- Assicurati che l'illuminazione sia adeguata per la fotosintesi.

Ricorda, la coltivazione idroponica richiede pratica e pazienza. Ogni varietà di verdura può avere esigenze specifiche, quindi non esitare a sperimentare e a prendere appunti sulle tue osservazioni. Con il tempo e l'esperienza, sarai in grado di ottimizzare la produzione e godere di verdure fresche e saporite tutto l'anno. Buona coltivazione idroponica!

Erbe aromatiche e piante ornamentali

La coltivazione idroponica di erbe aromatiche e piante ornamentali offre un modo efficiente e gratificante per avere un giardino indoor profumato e decorativo. Queste piante si adattano particolarmente bene ai sistemi idroponici grazie alle loro dimensioni contenute e alla rapida crescita.

Erbe aromatiche ideali per l'idroponica:
1. Basilico
2. Menta
3. Prezzemolo
4. Coriandolo
5. Timo
6. Rosmarino
7. Erba cipollina

Piante ornamentali adatte all'idroponica:
1. Pothos
2. Filodendro
3. Spatifillo
4. Clorofito
5. Begonia
6. Coleus
7. Felci

Processo di coltivazione passo-passo:

1. Scelta del sistema idroponico:
   - Per erbe: sistemi NFT o DWC sono ideali.
   - Per ornamentali: sistemi a goccia o aeroponica funzionano bene.

2. Preparazione del substrato:
- Usa argilla espansa, perlite o lana di roccia.
- Sciacqua bene il substrato prima dell'uso per rimuovere polveri.

3. Semina o trapianto:
- Per le erbe: semina direttamente in cubetti di lana di roccia.
- Per le ornamentali: trapianta piantine pre-cresciute, rimuovendo delicatamente il terreno dalle radici.

4. Impostazione della soluzione nutritiva:
- Usa una soluzione bilanciata per la fase vegetativa.
- Mantieni l'EC tra 1.0-1.5 per le erbe, 1.2-1.8 per le ornamentali.
- Regola il pH tra 5.5-6.5.

5. Illuminazione:
- Fornisci 14-16 ore di luce per le erbe.
- Per le ornamentali, adatta la luce alle esigenze specifiche (alcune preferiscono ombra parziale).

6. Gestione della temperatura e umidità:
- Mantieni la temperatura tra 18-24°C.
- L'umidità ideale è del 50-70%.

7. Potatura e manutenzione:
- Pota regolarmente le erbe per stimolare la crescita cespugliosa.
- Per le ornamentali, rimuovi foglie ingiallite o danneggiate.

8. Raccolta (per le erbe):
- Inizia a raccogliere quando le piante hanno almeno 15 cm di altezza.

- Taglia non più di 1/3 della pianta alla volta.

9. Rotazione delle colture:
- Ruota le erbe ogni 2-3 mesi per mantenere la freschezza.
- Per le ornamentali, rinvasa o rinfresca il substrato ogni 6-12 mesi.

Consigli pratici:
- Raggruppa piante con esigenze simili nello stesso sistema.
- Usa etichette per identificare facilmente le diverse varietà.
- Sperimentate con combinazioni di erbe per creare miscele personalizzate.

Risoluzione dei problemi comuni:

1. Problema: Crescita lenta o stentata
Soluzione:
- Verifica i livelli di nutrienti e aumentali leggermente.
- Assicurati che l'illuminazione sia adeguata in intensità e durata.
- Controlla che la temperatura non sia troppo bassa.

2. Problema: Foglie ingiallite
Soluzione:
- Controlla il pH e regolalo se necessario.
- Verifica eventuali carenze di ferro o azoto.
- Assicurati che non ci sia un eccesso di acqua nelle radici.

3. Problema: Appassimento delle piante
Soluzione:
- Controlla il funzionamento della pompa e l'irrigazione.
- Verifica che non ci siano ostruzioni nel sistema di irrigazione.

- Aumenta la frequenza di irrigazione nei periodi caldi.

4. Problema: Infestazione da afidi o acari
Soluzione:
- Usa spray a base di sapone o olio di neem.
- Introduci predatori naturali come coccinelle.
- Isola le piante infette e trattale separatamente.

5. Problema: Odore sgradevole della soluzione nutritiva
Soluzione:
- Cambia completamente la soluzione nutritiva.
- Pulisci accuratamente il sistema con perossido di idrogeno diluito.
- Aumenta l'ossigenazione della soluzione.

6. Problema: Fioritura precoce delle erbe
Soluzione:
- Aumenta le ore di luce per mantenere la fase vegetativa.
- Pota regolarmente per prevenire la fioritura.
- Mantieni temperature costanti, evitando sbalzi termici.

7. Problema: Radici brunastre o maleodoranti
Soluzione:
- Aumenta l'ossigenazione della soluzione nutritiva.
- Usa prodotti a base di enzimi benefici per le radici.
- Riduci la frequenza di irrigazione per prevenire il ristagno d'acqua.

8. Problema: Crescita eccessiva o invasiva (soprattutto per la menta)
Soluzione:
- Usa contenitori separati per le piante più invasive.
- Pota regolarmente per controllare la crescita.
- Considera la rotazione più frequente di queste piante.

4. Posizionamento nel sistema idroponico:
- Inserisci la piantina nel net pot o nel supporto del sistema.
- Assicurati che le radici raggiungano la soluzione nutritiva.

5. Acclimatazione:
- Riduci gradualmente l'umidità nei primi giorni dopo il trapianto.
- Mantieni una luce moderata per i primi 2-3 giorni, poi aumenta gradualmente.

6. Monitoraggio post-trapianto:
- Osserva attentamente le piantine per i primi 7-10 giorni.
- Verifica che le radici si sviluppino correttamente nella soluzione.

Consigli pratici:
- Etichetta sempre i tuoi semi con nome e data di semina.
- Usa un tappetino riscaldante per mantenere una temperatura costante durante la germinazione.
- Sterilizza sempre gli strumenti e i contenitori prima dell'uso per prevenire malattie.

Risoluzione dei problemi comuni:

1. Problema: Semi che non germinano
Soluzione:
- Verifica la freschezza e la qualità dei semi.
- Controlla temperatura e umidità dell'ambiente di germinazione.
- Alcuni semi potrebbero richiedere una stratificazione o scarificazione.

Ricorda, la coltivazione di erbe aromatiche e piante ornamentali in idroponica può richiedere un po' di pratica, ma offre grandi soddisfazioni. Sperimenta con diverse varietà e prendi nota delle tue osservazioni per perfezionare le tue tecniche nel tempo. Con la giusta cura, potrai godere di un giardino indoor profumato, decorativo e produttivo tutto l'anno. Buona coltivazione!

Tecniche di germinazione e trapianto

La germinazione e il trapianto sono fasi cruciali nella coltivazione idroponica. Un buon inizio garantisce piante sane e produttive. Ecco come affrontare queste fasi con successo:

Processo di germinazione:

1. Scelta del metodo di germinazione:
   a) Cubetti di lana di roccia:
      - Ideali per la maggior parte delle colture.
      - Mantengono umidità costante.
   b) Spugne di propagazione:
      - Ottime per semi piccoli.
      - Facili da maneggiare.
   c) Vermiculite o perlite:
      - Adatte per semi più grandi.
      - Offrono buon drenaggio.

2. Preparazione del substrato:
   - Inumidisci il substrato scelto con acqua a pH bilanciato (5.5-6.5).
   - Per i cubetti di lana di roccia, immergi in acqua per 15 minuti.

3. Semina:
   - Crea piccoli fori nel substrato (profondità: 2-3 volte il diametro del seme).
   - Posiziona 1-2 semi per foro.
   - Copri leggermente con il substrato.

4. Ambiente di germinazione:
   - Temperatura: 20-25°C per la maggior parte dei sem
   - Umidità: mantieni il 70-80% di umidità relativa.
   - Luce: alcune specie richiedono luce per germinare, a Controlla le specifiche.

5. Cura durante la germinazione:
   - Mantieni il substrato umido ma non saturo.
   - Usa un nebulizzatore per l'irrigazione delicata.
   - Controlla quotidianamente l'umidità e la compar germogli.

6. Primo nutrimento:
   - Quando appaiono le prime foglie vere, inizia co soluzione nutritiva molto diluita (EC 0.5-0.8).

Processo di trapianto:

1. Preparazione del sistema idroponico:
   - Pulisci e disinfetta il sistema.
   - Prepara la soluzione nutritiva adatta alla fase di c iniziale (EC 1.0-1.2).

2. Timing del trapianto:
   - Trapianta quando le piantine hanno 2-3 set di foglie v
   - Assicurati che le radici siano ben sviluppate ma non t lunghe.

3. Rimozione dal substrato di germinazione:
   - Se usi cubetti di lana di roccia, trasferisci l'intero cube
   - Per altri substrati, rimuovi delicatamente la piar cercando di non danneggiare le radici.

2. Problema: Germogli deboli o allungati
Soluzione:
- Aumenta l'intensità luminosa.
- Riduci la temperatura se troppo alta.
- Assicurati che i semi non siano piantati troppo in profondità.

3. Problema: Muffa sul substrato
Soluzione:
- Migliora la circolazione dell'aria.
- Riduci l'umidità.
- Usa un fungicida organico se necessario.

4. Problema: Radici che non si sviluppano dopo il trapianto
Soluzione:
- Verifica che le radici siano a contatto con la soluzione nutritiva.
- Controlla i livelli di ossigeno nella soluzione.
- Assicurati che la soluzione nutritiva non sia troppo concentrata.

5. Problema: Piantine che appassiscono dopo il trapianto
Soluzione:
- Aumenta gradualmente l'intensità luminosa.
- Mantieni un'umidità elevata nei primi giorni.
- Verifica che la soluzione nutritiva non sia troppo calda.

6. Problema: Crescita irregolare tra le piantine
Soluzione:
- Assicurati che tutte le piantine ricevano luce uniforme.
- Verifica che la distribuzione della soluzione nutritiva sia omogenea.
- Separa le piantine con crescita molto diversa.

7. Problema: Ingiallimento delle foglie dopo il trapianto
Soluzione:
- Controlla il pH della soluzione nutritiva.
- Verifica che non ci siano carenze nutrizionali.
- Assicurati che la transizione alla luce piena sia graduale.

Ricorda, la pazienza e l'attenzione ai dettagli sono fondamentali durante la germinazione e il trapianto. Ogni specie può avere esigenze leggermente diverse, quindi non esitare a consultare guide specifiche per le piante che stai coltivando. Con la pratica, svilupperai un "pollice verde" idroponico e sarai in grado di avviare con successo una vasta gamma di colture. Buona coltivazione!

Gestione della crescita e potatura

Una corretta gestione della crescita e una potatura adeguata sono fondamentali per ottenere piante sane e produttive in un sistema idroponico. Queste pratiche aiutano a ottimizzare lo spazio, migliorare la qualità del raccolto e prevenire malattie.

Processo di gestione della crescita:

1. Monitoraggio regolare:
    - Osserva quotidianamente le piante per valutarne la crescita.
    - Misura l'altezza e il diametro delle piante settimanalmente.

2. Controllo dell'illuminazione:
    - Regola l'altezza delle luci man mano che le piante crescono.
    - Mantieni una distanza di 15-30 cm tra le luci e le cime delle piante.

3. Gestione della soluzione nutritiva:
    - Adatta la concentrazione dei nutrienti (EC) in base alla fase di crescita.
    - Aumenta gradualmente l'EC durante la crescita vegetativa.

4. Supporto delle piante:
    - Usa tutori o reti di sostegno per piante alte o rampicanti.
    - Installa i supporti precocemente per evitare danni alle radici.

5. Gestione della temperatura e umidità:
    - Mantieni temperature tra 20-25°C durante il giorno, 18-22°C di notte.

- Controlla l'umidità (50-70%) per prevenire malattie fungine.

Tecniche di potatura:

1. Potatura di formazione (per piante giovani):
- Inizia quando la pianta ha 4-6 set di foglie vere.
- Rimuovi la punta di crescita per stimolare la ramificazione.

2. Potatura di mantenimento:
- Rimuovi regolarmente foglie vecchie o ingiallite.
- Sfoltisci le zone troppo dense per migliorare la circolazione dell'aria.

3. Potatura per colture specifiche:
a) Pomodori:
- Rimuovi i succhioni (germogli ascellari) settimanalmente.
- Limita la pianta a 1-2 fusti principali.
b) Cetrioli:
- Pota i germogli laterali dopo la seconda foglia.
- Rimuovi le foglie inferiori per migliorare la circolazione dell'aria.
c) Erbe aromatiche:
- Effettua potature frequenti per stimolare una crescita cespugliosa.
- Rimuovi eventuali fiori per mantenere il sapore delle foglie.

4. Tecniche di potatura avanzate:
- Topping: rimozione della cima per stimolare la crescita laterale.
- FIM (Fuck I Missed): rimozione parziale della cima per una ramificazione più delicata.
- Scrog (Screen of Green): uso di una rete per distribuire uniformemente la crescita.

5. Strumenti e igiene:
- Usa forbici pulite e affilate per ogni potatura.
- Disinfetta gli strumenti tra una pianta e l'altra con alcool o candeggina diluita.

Consigli pratici:
- Pota sempre in diagonale sopra un nodo per favorire la guarigione.
- Effettua le potature principali al mattino per ridurre lo stress della pianta.
- Mantieni un registro delle potature e della crescita per ogni pianta.

Risoluzione dei problemi comuni:

1. Problema: Crescita eccessiva e disordinata
Soluzione:
- Aumenta la frequenza delle potature di mantenimento.
- Implementa tecniche di training come LST (Low Stress Training) per controllare la forma.

2. Problema: Piante che non si ramificano dopo la potatura
Soluzione:
- Verifica che la potatura sia stata effettuata sopra un nodo attivo.
- Assicurati che la pianta riceva sufficienti nutrienti e luce.
- Considera l'uso di ormoni di crescita naturali per stimolare la ramificazione.

3. Problema: Ingiallimento delle foglie dopo la potatura
Soluzione:
- Riduci leggermente la concentrazione dei nutrienti per alcuni giorni.

- Assicurati che il pH della soluzione sia corretto (5.5-6.5).
- Verifica che non ci siano danni alle radici durante la manipolazione.

4. Problema: Formazione di muffe sulle ferite di potatura
Soluzione:
- Migliora la circolazione dell'aria intorno alle piante.
- Applica una pasta fungicida naturale sulle ferite più grandi.
- Riduci l'umidità ambientale.

5. Problema: Ritardo nella crescita dopo una potatura intensa
Soluzione:
- Fornisci un supporto extra di nutrienti, in particolare azoto.
- Aumenta leggermente l'intensità luminosa per stimolare la crescita.
- Sii paziente, la pianta potrebbe richiedere alcuni giorni per riprendersi.

6. Problema: Stress idrico dopo la potatura
Soluzione:
- Riduci temporaneamente la frequenza di irrigazione.
- Nebulizza le foglie per aumentare l'umidità locale.
- Assicurati che il sistema radicale sia sano e ben sviluppato.

7. Problema: Fioritura precoce indesiderata
Soluzione:
- Aumenta le ore di luce per mantenere la fase vegetativa.
- Rimuovi immediatamente qualsiasi fiore che si forma.
- Verifica che non ci siano interruzioni nel ciclo luminoso.

Ricorda, la gestione della crescita e la potatura sono arti che si perfezionano con l'esperienza. Ogni specie di pianta può rispondere in modo leggermente diverso, quindi osserva attentamente e adatta le tue tecniche di conseguenza. Con pratica e pazienza, sarai in grado di modellare le tue piante per ottenere una produzione ottimale nel tuo sistema idroponico. Buona coltivazione e buona potatura!

Capitolo 8
Nutrizione e manutenzione del sistema

Preparazione e dosaggio della soluzione nutritiva

La soluzione nutritiva è il cuore di ogni sistema idroponico. Una corretta preparazione e un dosaggio preciso sono essenziali per la salute e la produttività delle piante.

Processo passo-passo:

1. Scelta dei nutrienti:
 - Opta per nutrienti specifici per idroponica.
 - Scegli tra formule a uno, due o tre componenti in base alle tue esigenze.

2. Calcolo del volume d'acqua:
 - Misura accuratamente il volume del tuo serbatoio.
 - Considera il volume trattenuto nel substrato e nelle tubazioni.

3. Preparazione dell'acqua:
 - Usa acqua filtrata o lasciata riposare per 24 ore per eliminare il cloro.
 - Controlla e annota il pH e l'EC dell'acqua di partenza.

4. Dosaggio dei nutrienti:
 - Segui attentamente le istruzioni del produttore.
 - Inizia con una concentrazione più bassa del consigliato (circa 75%).

- Aggiungi i nutrienti uno alla volta, mescolando bene tra ogni aggiunta.

5. Misurazione dell'EC (Conducibilità Elettrica):
   - Usa un conduttivimetro calibrato.
   - Mira a un EC di 1.0-1.5 per piante giovani, 1.5-2.5 per piante adulte.
   - Aggiusta aggiungendo nutrienti o acqua per raggiungere l'EC desiderato.

6. Regolazione del pH:
   - Misura il pH con un pH-metro calibrato.
   - Mira a un pH tra 5.5 e 6.5 per la maggior parte delle colture.
   - Usa regolatori di pH per aumentare o diminuire il valore.

7. Ossigenazione della soluzione:
   - Installa una pompa dell'aria con pietra porosa nel serbatoio.
   - Assicura una buona circolazione della soluzione.

8. Monitoraggio e manutenzione:
   - Controlla EC e pH quotidianamente.
   - Rabbocca con acqua fresca man mano che le piante assorbono.
   - Ricalibra la soluzione ogni 3-4 giorni.

9. Cambio della soluzione:
   - Rinnova completamente la soluzione ogni 2-3 settimane.
   - Pulisci il serbatoio prima di riempirlo con la nuova soluzione.

Consigli pratici:
- Mantieni un registro dettagliato di EC, pH e quantità di nutrienti utilizzati.
- Prepara sempre la soluzione a temperatura ambiente.
- Usa contenitori e strumenti dedicati per evitare contaminazioni.

Risoluzione dei problemi comuni:

1. Problema: EC che aumenta rapidamente
Soluzione:
- Diluisci la soluzione con acqua fresca.
- Verifica che non ci sia eccessiva evaporazione.
- Controlla che le piante non siano sottonutrite.

2. Problema: pH instabile
Soluzione:
- Usa un tampone pH per stabilizzare la soluzione.
- Verifica la qualità dell'acqua di partenza.
- Considera l'uso di acidi organici per la regolazione del pH.

3. Problema: Carenze nutrizionali nonostante EC corretto
Soluzione:
- Verifica che il pH sia nel range corretto per l'assorbimento.
- Considera l'uso di integratori specifici per micronutrienti.
- Assicurati che la temperatura della soluzione sia ottimale (18-22 °C).

4. Problema: Formazione di precipitati nella soluzione
Soluzione:
- Mescola i nutrienti separatamente prima di combinarli.
- Usa acqua tiepida per dissolvere meglio i sali.
- Filtra la soluzione prima di utilizzarla nel sistema.

5. Problema: Odore sgradevole della soluzione
Soluzione:
- Aumenta l'ossigenazione.
- Cambia completamente la soluzione e pulisci il sistema.
- Verifica che non ci siano radici morte o materiale organico in decomposizione.

6. Problema: Bruciature sulle foglie (EC troppo alto)
Soluzione:
- Riduci immediatamente l'EC diluendo la soluzione.
- Sciacqua le radici con acqua pura per rimuovere l'eccesso di sali.
- Riequilibra gradualmente la soluzione nei giorni successivi.

7. Problema: Crescita lenta nonostante EC e pH corretti
Soluzione:
- Verifica che tutti i macro e micronutrienti siano presenti.
- Controlla la temperatura della soluzione e dell'ambiente.
- Assicurati che l'illuminazione sia adeguata.

Ricorda, la preparazione della soluzione nutritiva è una combinazione di scienza e arte. Ogni specie di pianta può avere esigenze leggermente diverse, quindi osserva attentamente le tue piante e sii pronto ad apportare piccole modifiche. Con l'esperienza, svilupperai un'intuizione per le esigenze specifiche delle tue colture. La chiave è la costanza nel monitoraggio e la prontezza nell'apportare correzioni quando necessario. Buona coltivazione!

Monitoraggio e regolazione di pH ed EC

Il controllo accurato del pH e dell'EC è fondamentale per garantire che le piante possano assorbire efficacemente i nutrienti nella soluzione idroponica. Un monitoraggio regolare e regolazioni tempestive sono essenziali per una crescita ottimale.

Processo passo-passo:

1. Preparazione degli strumenti:
   - pH-metro calibrato
   - Conduttivimetro (EC-metro) calibrato
   - Soluzioni di calibrazione per pH ed EC
   - Regolatori di pH (acido e base)
   - Nutrienti concentrati
   - Acqua pura

2. Monitoraggio del pH:
   - Misura il pH almeno una volta al giorno, preferibilmente alla stessa ora.
   - Immergi il pH-metro nella soluzione e attendi che la lettura si stabilizzi.
   - Annota il valore in un registro.
   - Range ottimale: generalmente tra 5.5 e 6.5, a seconda della coltura.

3. Regolazione del pH:
   - Se troppo alto: aggiungi regolatore di pH acido goccia a goccia.
   - Se troppo basso: aggiungi regolatore di pH basico goccia a goccia.
   - Mescola bene e ricontrolla dopo ogni aggiunta.
   - Mira a piccole correzioni (0.1-0.2 unità alla volta).

4. Monitoraggio dell'EC:
- Misura l'EC quotidianamente, subito dopo il pH.
- Immergi il conduttivimetro e attendi la lettura stabile.
- Annota il valore nel registro.
- Range ottimale: varia in base alla fase di crescita e alla specie (es. 1.0-1.5 per piantine, 1.5-2.5 per piante adulte).

5. Regolazione dell'EC:
- Se troppo alto: diluisci con acqua pura.
- Se troppo basso: aggiungi soluzione nutritiva concentrata.
- Mescola bene e ricontrolla dopo ogni modifica.

6. Monitoraggio della temperatura:
- La temperatura influenza sia il pH che l'EC.
- Misura e annota la temperatura della soluzione quotidianamente.
- Range ideale: 18-22°C per la maggior parte delle colture.

7. Calibrazione regolare degli strumenti:
- Calibra il pH-metro settimanalmente.
- Verifica la calibrazione dell'EC-metro mensilmente.

8. Analisi delle tendenze:
- Osserva i cambiamenti nel tempo di pH ed EC.
- Identifica pattern che possono indicare problemi o esigenze specifiche delle piante.

Consigli pratici:
- Usa sempre acqua a temperatura ambiente per le misurazioni.
- Pulisci gli elettrodi con acqua distillata dopo ogni uso.
- Mantieni un grafico visivo delle letture di pH ed EC nel tempo.

Risoluzione dei problemi comuni:

1. Problema: pH che fluttua rapidamente
Soluzione:
- Usa un tampone pH per stabilizzare la soluzione.
- Verifica la qualità dell'acqua di base, potrebbe essere necessario un pre-trattamento.
- Considera l'uso di regolatori di pH organici per cambiamenti più graduali.

2. Problema: EC che aumenta costantemente
Soluzione:
- Controlla l'evaporazione e rabbocca con acqua pura.
- Verifica che le piante non siano sottonutrite, potrebbero assorbire meno nutrienti.
- Cambia la soluzione più frequentemente.

3. Problema: Difficoltà nel mantenere il pH stabile
Soluzione:
- Controlla l'alcalinità dell'acqua di partenza.
- Usa acidi più deboli (es. acido citrico) per regolazioni più delicate.
- Assicurati che il sistema sia ben ossigenato.

4. Problema: Letture EC incoerenti
Soluzione:
- Pulisci accuratamente la sonda EC.
- Assicurati che la soluzione sia ben miscelata prima della misurazione.
- Verifica che non ci siano depositi di sali nel sistema.

5. Problema: pH che scende rapidamente
Soluzione:

- Verifica che non ci sia un'eccessiva attività batterica nel sistema.
- Controlla che i nutrienti usati non siano troppo acidificanti.
- Considera l'uso di carbonati per aumentare il potere tampone della soluzione.

6. Problema: EC che non aumenta nonostante l'aggiunta di nutrienti
Soluzione:
- Verifica la freschezza e la qualità dei nutrienti.
- Controlla che non ci siano precipitati sul fondo del serbatoio.
- Assicurati che la pompa di circolazione funzioni correttamente.

7. Problema: Variazioni di pH ed EC tra diversi punti del sistema
Soluzione:
- Migliora la circolazione della soluzione.
- Verifica che non ci siano zone di ristagno nel sistema.
- Considera l'aggiunta di punti di campionamento in diverse aree.

Ricorda, il monitoraggio e la regolazione di pH ed EC richiedono pazienza e precisione. Con la pratica, svilupperai una sensibilità per le esigenze specifiche del tuo sistema e delle tue piante. Non esitare a fare piccole regolazioni frequenti piuttosto che grandi cambiamenti sporadici. Un monitoraggio costante e interventi tempestivi sono la chiave per mantenere un ambiente di crescita ottimale e piante sane. Buon monitoraggio e buona coltivazione!

Pulizia e manutenzione regolare del sistema

Una manutenzione regolare e accurata è fondamentale per il successo di un sistema idroponico. Questo processo aiuta a prevenire problemi, mantiene le piante sane e assicura un funzionamento ottimale del sistema.

Processo passo-passo:

1. Manutenzione quotidiana:
   - Controlla il livello della soluzione nutritiva e rabbocca se necessario.
   - Misura e regola pH ed EC.
   - Ispeziona visivamente le piante per segni di stress o malattie.
   - Verifica il funzionamento di pompe e aeratori.

2. Manutenzione settimanale:
   a) Pulizia dei filtri:
      - Rimuovi e pulisci i filtri delle pompe.
      - Sciacqua con acqua pulita e, se necessario, usa una spazzola morbida.

   b) Controllo dei tubi e delle connessioni:
      - Verifica che non ci siano perdite o ostruzioni.
      - Pulisci eventuali depositi di sali o alghe.

   c) Manutenzione delle piante:
      - Rimuovi foglie morte o ingiallite.
      - Controlla e regola i supporti delle piante.

3. Manutenzione mensile:
a) Pulizia completa del serbatoio:
- Svuota completamente il serbatoio.
- Pulisci le pareti con una soluzione di perossido di idrogeno al 3% o aceto diluito.
- Risciacqua abbondantemente con acqua pulita.

b) Ispezione e pulizia delle radici:
- Controlla lo stato delle radici.
- Rimuovi delicatamente eventuali parti morte o marce.

c) Calibrazione degli strumenti:
- Ricalibrare pH-metro ed EC-metro.

4. Manutenzione trimestrale:
a) Pulizia approfondita del sistema:
- Smonta e pulisci tutte le parti removibili.
- Usa una soluzione di acido citrico per rimuovere depositi minerali.

b) Sostituzione dei componenti usurati:
- Cambia tubi, guarnizioni o altri componenti deteriorati.

c) Verifica dell'impianto elettrico:
- Controlla tutti i collegamenti elettrici.
- Pulisci eventuali segni di corrosione.

5. Sanitizzazione del sistema:
- Dopo ogni ciclo di coltivazione, esegui una sanitizzazione completa.
- Usa una soluzione di perossido di idrogeno al 3% o un sanitizzante specifico per idroponica.
- Fai circolare la soluzione nel sistema per almeno un'ora.
- Risciacqua abbondantemente prima di riutilizzare.

Consigli pratici:
- Usa guanti e occhiali protettivi durante la pulizia.
- Mantieni un registro di tutte le attività di manutenzione.
- Fotografa regolarmente il sistema per tracciare cambiamenti nel tempo.

Risoluzione dei problemi comuni:

1. Problema: Crescita di alghe nel sistema
Soluzione:
- Copri tutte le parti esposte alla luce con materiale opaco.
- Aumenta la frequenza di pulizia.
- Considera l'uso di un trattamento anti-alghe sicuro per le piante.

2. Problema: Odori sgradevoli dal sistema
Soluzione:
- Aumenta l'ossigenazione della soluzione.
- Verifica che non ci siano zone di ristagno.
- Esegui una pulizia approfondita e considera l'uso di enzimi benefici.

3. Problema: Ostruzione dei gocciolatori o degli spruzzatori
Soluzione:
- Smonta e pulisci singolarmente ogni componente.
- Usa aghi sottili per liberare i fori ostruiti.
- Installa filtri più fini nel sistema.

4. Problema: Accumulo di sali sulle superfici
Soluzione:
- Pulisci regolarmente con una soluzione di aceto diluito.
- Aumenta la frequenza dei cambi della soluzione nutritiva.
- Verifica che l'EC non sia costantemente troppo alto.

5. Problema: Pompe rumorose o inefficienti
Soluzione:
- Smonta e pulisci accuratamente la pompa.
- Verifica che non ci siano corpi estranei nell'impalatrice.
- Sostituisci le guarnizioni se usurate.

6. Problema: Radici che invadono le tubature
Soluzione:
- Pota regolarmente le radici eccessive.
- Installa barriere per le radici nei punti critici.
- Considera l'uso di emettitori anti-intrusione radicale.

7. Problema: Malfunzionamento dei sensori automatici
Soluzione:
- Pulisci accuratamente i sensori con acqua distillata.
- Ricalibrare seguendo le istruzioni del produttore.
- Sostituisci i sensori se mostrano segni di deterioramento.

Ricorda, una manutenzione regolare e accurata è la chiave per un sistema idroponico sano e produttivo. Prendi l'abitudine di eseguire controlli quotidiani e seguire una routine di pulizia sistematica. Questo non solo preverrà problemi, ma ti permetterà anche di individuare e risolvere tempestivamente eventuali issues prima che diventino gravi. Con una buona manutenzione, il tuo sistema idroponico continuerà a funzionare in modo efficiente, garantendo raccolti abbondanti e di alta qualità. Buona manutenzione e buona coltivazione!

Risoluzione dei problemi comuni

Anche con una manutenzione attenta, possono sorgere problemi nei sistemi idroponici. Saper identificare e risolvere questi problemi rapidamente è essenziale per mantenere le piante sane e produttive.

1. Problema: Crescita lenta o stentata

Cause possibili:
- Carenza di nutrienti
- pH non ottimale
- Illuminazione insufficiente
- Temperatura non adeguata

Soluzioni:
a) Verifica e regola l'EC della soluzione nutritiva.
b) Controlla e correggi il pH (idealmente tra 5.5 e 6.5).
c) Aumenta l'intensità luminosa o il periodo di illuminazione.
d) Regola la temperatura ambientale (idealmente 20-25°C).

2. Problema: Foglie ingiallite o scolorite

Cause possibili:
- Carenza di ferro o azoto
- pH troppo alto
- Eccesso di acqua nelle radici

Soluzioni:
a) Aggiungi integratori di ferro o azoto alla soluzione.
b) Abbassa il pH della soluzione.
c) Migliora l'ossigenazione della soluzione nutritiva.
d) Verifica che il sistema di drenaggio funzioni correttamente.

3. Problema: Marciume radicale

Cause possibili:
- Scarsa ossigenazione
- Temperatura della soluzione troppo alta
- Patogeni nelle radici

Soluzioni:
a) Aumenta l'aerazione della soluzione con pompe d'aria più potenti.
b) Raffredda la soluzione nutritiva (idealmente a 18-22°C).
c) Applica un trattamento con perossido di idrogeno al 3% (1 ml per litro di soluzione).
d) In casi gravi, rimuovi le parti infette e tratta con fungicida organico.

4. Problema: Infestazione da insetti

Cause possibili:
- Introduzione di piante infette
- Scarsa igiene dell'ambiente di coltivazione
- Condizioni ambientali favorevoli agli insetti

Soluzioni:
a) Isola immediatamente le piante infette.
b) Usa trappole adesive per monitorare e catturare gli insetti.
c) Applica insetticidi naturali come olio di neem o sapone insetticida.
d) Introduce predatori naturali come coccinelle per il controllo biologico.

5. Problema: Bruciature sulle foglie

Cause possibili:
- EC troppo alta
- Luci troppo vicine alle piante
- Spruzzi di soluzione nutritiva sulle foglie

Soluzioni:
a) Riduci l'EC della soluzione diluendola con acqua.
b) Allontana le luci dalle piante (mantenere almeno 30 cm di distanza).
c) Evita di bagnare le foglie durante l'irrigazione.

6. Problema: pH instabile

Cause possibili:
- Bassa alcalinità dell'acqua
- Accumulo di nutrienti nel sistema
- Attività microbica eccessiva

Soluzioni:
a) Usa un tampone pH per stabilizzare la soluzione.
b) Cambia la soluzione nutritiva più frequentemente.
c) Pulisci regolarmente il sistema per ridurre l'accumulo di residui organici.

7. Problema: Pompa non funzionante

Cause possibili:
- Ostruzione dell'impalatrice
- Guasto elettrico
- Usura della pompa

Soluzioni:
a) Smonta e pulisci accuratamente la pompa.
b) Verifica i collegamenti elettrici e il timer.
c) Sostituisci la pompa se necessario.

Consigli generali per la risoluzione dei problemi:

1. Osservazione attenta: Esamina regolarmente le piante, le radici e il sistema.
2. Documentazione: Mantieni un registro dei problemi e delle soluzioni applicate.
3. Approccio sistematico: Affronta un problema alla volta, partendo dai più semplici.
4. Prevenzione: Implementa routine di manutenzione regolari per prevenire problemi futuri.
5. Educazione continua: Tieniti aggiornato sulle best practice dell'idroponica.

Ricorda, la chiave per risolvere efficacemente i problemi nell'idroponica è l'identificazione precoce e l'azione tempestiva. Con l'esperienza, diventerai sempre più abile nel riconoscere i primi segnali di problemi e nel risolverli rapidamente. Non esitare a chiedere consiglio a coltivatori esperti o a consultare risorse specializzate quando ti trovi di fronte a situazioni complesse. La pazienza e la perseveranza sono fondamentali nel giardinaggio idroponico. Buona coltivazione e buona risoluzione dei problemi!

Capitolo 9
Giardini verticali idroponici

Design e costruzione di pareti verdi

I giardini verticali idroponici sono una soluzione innovativa per creare spazi verdi in aree urbane o con limitate superfici orizzontali. Combinano l'efficienza dell'idroponica con l'estetica delle pareti verdi.

Processo passo-passo per la creazione di una parete verde idroponica:

1. Pianificazione e design:
    a) Scegli la location:
        - Valuta l'esposizione alla luce (naturale o artificiale).
        - Verifica la capacità di carico della parete.
    b) Determina le dimensioni del giardino verticale.
    c) Seleziona le piante adatte (considerando luce, clima e design).
    d) Progetta il sistema di irrigazione e drenaggio.

2. Preparazione della struttura:
    a) Installa una barriera impermeabile sulla parete esistente.
    b) Monta una struttura di supporto (es. telaio in alluminio o PVC).
    c) Crea un sistema di canaline per il drenaggio.

3. Sistema di irrigazione:
    a) Installa un serbatoio per la soluzione nutritiva alla base.
    b) Monta una pompa sommersa nel serbatoio.
    c) Crea un sistema di distribuzione con tubi forati o gocciolatori.

d) Installa un timer per automatizzare l'irrigazione.

4. Substrato e supporti per le piante:
 a) Scegli tra tasche in feltro, moduli in plastica o pannelli preformati.
 b) Riempi i supporti con un substrato leggero (es. perlite, lana di roccia).
 c) Assicurati che il substrato trattenga l'umidità ma permetta un buon drenaggio.

5. Piantumazione:
 a) Prepara le piante rimuovendo delicatamente il terreno dalle radici.
 b) Posiziona le piante nei supporti, partendo dal basso.
 c) Assicura le piante con clip o fili se necessario.

6. Sistema di illuminazione (se necessario):
 a) Installa luci LED a spettro completo.
 b) Posiziona le luci in modo da coprire uniformemente la parete.

7. Monitoraggio e controllo:
 a) Installa un sistema di monitoraggio per pH ed EC.
 b) Considera l'uso di sensori di umidità per ottimizzare l'irrigazione.

8. Finitura estetica:
 a) Nascondi tubi e cavi con elementi decorativi.
 b) Aggiungi cornici o bordi per un aspetto più curato.

Consigli pratici:
- Inizia con un progetto piccolo e scalabile.
- Usa piante di dimensioni simili per un aspetto uniforme.
- Prevedi un facile accesso per la manutenzione.

Risoluzione dei problemi comuni:

1. Problema: Distribuzione non uniforme dell'acqua
Soluzione:
- Verifica e pulisci regolarmente i gocciolatori.
- Ajusta la pressione dell'acqua nel sistema.
- Considera l'aggiunta di più punti di distribuzione.

2. Problema: Crescita eccessiva di alcune piante
Soluzione:
- Pota regolarmente per mantenere la forma desiderata.
- Sostituisci le piante troppo vigorose con varietà più compatte.
- Ajusta la nutrizione per controllare la crescita.

3. Problema: Sgocciolamento eccessivo
Soluzione:
- Ottimizza i cicli di irrigazione (più frequenti ma più brevi).
- Migliora il sistema di drenaggio alla base.
- Usa un substrato con migliore ritenzione idrica.

4. Problema: Ingiallimento delle foglie inferiori
Soluzione:
- Aumenta l'illuminazione nelle zone basse.
- Ruota periodicamente le piante.
- Scegli specie più tolleranti all'ombra per le zone inferiori.

5. Problema: Formazione di alghe
Soluzione:
- Copri tutte le parti esposte del sistema di irrigazione.
- Usa una soluzione anti-alghe sicura per le piante.
- Aumenta la circolazione dell'aria intorno alla parete.

6. Problema: Stress da calore (per pareti esterne)
Soluzione:
- Installa un sistema di nebulizzazione per raffreddare.
- Usa piante resistenti al calore nelle zone più esposte.
- Considera l'installazione di tende o schermi solari.

7. Problema: Radici che ostruiscono il sistema di drenaggio
Soluzione:
- Pota regolarmente le radici eccessive.
- Usa barriere anti-radice nei punti critici.
- Pulisci periodicamente il sistema di drenaggio.

Ricorda, la creazione di una parete verde idroponica richiede pianificazione attenta e manutenzione regolare. Con il giusto approccio, può diventare un elemento straordinario di design e un efficace sistema di purificazione dell'aria. Non esitare a sperimentare con diverse piante e configurazioni per trovare la soluzione perfetta per il tuo spazio. La pazienza e la cura costante trasformeranno la tua parete verde in un'oasi vivente e rigogliosa. Buona creazione del tuo giardino verticale idroponico!

Sistemi modulari per spazi ridotti

I sistemi modulari idroponici sono soluzioni ideali per chi desidera coltivare in spazi limitati come appartamenti, piccoli balconi o uffici. Questi sistemi offrono flessibilità, efficienza e la possibilità di espandere gradualmente la propria coltivazione.

Processo passo-passo per creare un sistema modulare:

1. Pianificazione:
a) Misura lo spazio disponibile.
b) Determina il tipo di piante da coltivare.
c) Scegli il sistema modulare più adatto (es. torri verticali, scaffali, sistemi a parete).

2. Scelta dei componenti:
   a) Moduli di coltivazione (es. vasi impilabili, tasche verticali).
   b) Serbatoio per la soluzione nutritiva.
   c) Pompa di circolazione.
   d) Tubi e raccordi per l'irrigazione.
   e) Timer per l'automazione.
   f) Luci LED per coltivazione indoor.

3. Assemblaggio del sistema base:
   a) Posiziona il serbatoio alla base del sistema.
   b) Installa la pompa nel serbatoio.
   c) Monta i moduli di coltivazione seguendo le istruzioni del produttore.
   d) Collega il sistema di irrigazione, assicurandoti che raggiunga ogni modulo.

4. Installazione del sistema elettrico:
a) Collega la pompa e le luci a un timer.
b) Assicurati che tutti i collegamenti elettrici siano sicuri e protetti dall'acqua.

5. Preparazione del substrato e piantumazione:
a) Riempi i moduli con un substrato leggero (es. perlite, argilla espansa).
b) Pianta le tue colture nei moduli, partendo da quelle che richiedono più luce in alto.

6. Configurazione del sistema di irrigazione:
a) Regola il flusso d'acqua per assicurare una distribuzione uniforme.
b) Imposta il timer per cicli di irrigazione adeguati (es. 15 minuti ogni 2 ore durante il giorno).

7. Illuminazione (per sistemi indoor):
a) Posiziona le luci LED a circa 15-30 cm sopra le piante.
b) Regola l'altezza delle luci man mano che le piante crescono.

8. Monitoraggio e manutenzione:
a) Controlla quotidianamente il livello della soluzione nutritiva.
b) Misura e regola pH ed EC settimanalmente.
c) Pulisci regolarmente i componenti del sistema.

Consigli pratici:
- Inizia con poche unità e espandi gradualmente.
- Usa piante compatte o nane adatte a spazi ridotti.
- Implementa un sistema di rotazione delle colture per massimizzare la produzione.

Risoluzione dei problemi comuni:

1. Problema: Distribuzione non uniforme dell'acqua
Soluzione:
- Verifica che i tubi non siano ostruiti.
- Ajusta la pressione della pompa.
- Riposiziona i moduli per garantire un flusso uniforme.

2. Problema: Crescita irregolare tra i moduli
Soluzione:
- Ruota periodicamente i moduli per uniformare l'esposizione alla luce.
- Ajusta l'illuminazione per coprire uniformemente tutti i moduli.
- Verifica che ogni modulo riceva la stessa quantità di soluzione nutritiva.

3. Problema: Spazio insufficiente per le radici
Soluzione:
- Opta per varietà di piante a radici corte.
- Aumenta la frequenza dei trapianti.
- Considera l'aggiunta di moduli più grandi per piante con radici più estese.

4. Problema: Surriscaldamento del sistema in spazi chiusi
Soluzione:
- Migliora la ventilazione nell'area di coltivazione.
- Usa luci LED che producono meno calore.
- Implementa un sistema di raffreddamento per la soluzione nutritiva.

5. Problema: Accumulo di sali nei moduli superiori
Soluzione:
- Aumenta leggermente il flusso d'acqua nei moduli superiori.

- Effettua lavaggi periodici con acqua pura.
- Monitora più frequentemente l'EC nei moduli superiori.

6. Problema: Instabilità del sistema verticale
Soluzione:
- Assicura una base solida e livellata.
- Usa supporti o ancoraggi aggiuntivi.
- Distribuisci il peso in modo uniforme tra i moduli.

7. Problema: Difficoltà nell'accesso per la manutenzione
Soluzione:
- Progetta il sistema con moduli rimovibili.
- Crea passaggi o scale d'accesso tra i moduli.
- Usa strumenti a manico lungo per raggiungere i punti più difficili.

Ricorda, i sistemi modulari offrono grande flessibilità ma richiedono attenzione ai dettagli. La chiave del successo sta nel monitoraggio costante e nell'adattamento del sistema alle esigenze specifiche delle tue piante e del tuo spazio. Non aver paura di sperimentare con diverse configurazioni per trovare quella ottimale. Con pazienza e cura, anche il più piccolo spazio può trasformarsi in un produttivo giardino idroponico. Buona coltivazione nel tuo sistema modulare!

Integrazione con l'arredamento interno

L'integrazione dei sistemi idroponici nell'arredamento interno permette di creare spazi verdi funzionali ed esteticamente piacevoli all'interno di case e uffici. Questa fusione di design e tecnologia verde può trasformare qualsiasi ambiente in un'oasi naturale e produttiva.

Processo passo-passo per l'integrazione:

1. Analisi dello spazio:
   a) Valuta le aree disponibili (pareti, divisori, finestre).
   b) Considera l'illuminazione naturale e artificiale esistente.
   c) Identifica le fonti di energia e acqua accessibili.

2. Scelta del sistema idroponico:
   a) Seleziona sistemi che si adattano allo stile dell'arredamento:
   - Librerie idroponiche
   - Quadri viventi
   - Isole verdi da tavolo
   - Divisori d'ambiente con piante integrate

3. Design e pianificazione:
   a) Crea uno schizzo o un modello 3D dell'integrazione.
   b) Scegli materiali e finiture che si armonizzano con l'arredamento esistente.
   c) Pianifica il sistema di irrigazione e drenaggio nascosto.

4. Preparazione dell'area:
   a) Rinforza le pareti o le superfici se necessario.
   b) Installa una barriera impermeabile per proteggere le superfici.
   c) Predisponi i collegamenti elettrici e idraulici.

5. Costruzione e installazione:
a) Assembla o costruisci il sistema idroponico scelto.
b) Integra il sistema di illuminazione (preferibilmente LED):
- Nascondi i cavi all'interno della struttura.
- Usa luci dimmerabili per adattarsi all'ambiente.
c) Installa il sistema di irrigazione:
- Usa tubi sottili e trasparenti per minimizzare l'impatto visivo.
- Posiziona il serbatoio in un mobile o in un'area nascosta.

6. Selezione e disposizione delle piante:
a) Scegli piante che si adattano alle condizioni di luce dell'ambiente.
b) Crea composizioni con piante di diverse altezze e texture.
c) Considera piante aromatiche per cucine o piante purificatrici per uffici.

7. Integrazione dei controlli:
a) Installa un sistema di controllo smart per irrigazione e illuminazione.
b) Nascondi i pannelli di controllo in luoghi discreti ma accessibili.

8. Finiture estetiche:
a) Aggiungi cornici o bordi decorativi per nascondere i bordi del sistema.
b) Usa materiali naturali (legno, pietra) per creare un aspetto organico.

Consigli pratici:
- Opta per sistemi modulari che possano essere facilmente modificati o espansi.
- Usa piante a bassa manutenzione per aree difficili da raggiungere.

- Incorpora elementi decorativi come ciottoli o muschio per un aspetto più naturale.

Risoluzione dei problemi comuni:

1. Problema: Rumore della pompa disturbante
Soluzione:
- Usa pompe silenziose o sommergibili.
- Isola la pompa in un compartimento insonorizzato.
- Programma l'irrigazione durante le ore non di punta.

2. Problema: Umidità eccessiva nell'ambiente
Soluzione:
- Installa un deumidificatore discreto.
- Migliora la ventilazione nell'area circostante.
- Usa piante che assorbono umidità come felci o tillandsie.

3. Problema: Illuminazione artificiale troppo intensa
Soluzione:
- Usa luci LED dimmerabili e regolabili.
- Integra diffusori di luce per un effetto più morbido.
- Programma l'illuminazione per imitare il ciclo naturale della luce.

4. Problema: Difficoltà di accesso per la manutenzione
Soluzione:
- Progetta parti mobili o rimovibili nel sistema.
- Usa strumenti di giardinaggio a manico lungo.
- Implementa un sistema di monitoraggio remoto per ridurre la necessità di accesso frequente.

5. Problema: Macchie d'acqua su superfici circostanti
Soluzione:
- Migliora il sistema di drenaggio.

- Applica un rivestimento impermeabile sulle superfici vicine.
- Usa sottovasi o vassoi di raccolta dell'acqua integrati nel design.

6. Problema: Crescita irregolare delle piante
Soluzione:
- Ruota periodicamente le piante per un'esposizione uniforme alla luce.
- Ajusta l'illuminazione artificiale per coprire tutte le aree.
- Scegli piante con esigenze di luce simili per ogni sezione del sistema.

7. Problema: Aspetto "troppo tecnologico" del sistema
Soluzione:
- Copri le parti meccaniche con elementi decorativi naturali.
- Integra il sistema in mobili esistenti o personalizzati.
- Usa materiali organici come legno o bambù per nascondere componenti tecnici.

Ricorda, l'integrazione di sistemi idroponici nell'arredamento interno richiede un equilibrio tra funzionalità ed estetica. La chiave è creare un sistema che non solo sia efficiente dal punto di vista della coltivazione, ma che si fonda armoniosamente con l'ambiente circostante. Con creatività e attenzione ai dettagli, puoi trasformare qualsiasi spazio interno in un giardino vivente e funzionale che aggiunge valore estetico e benessere al tuo ambiente di vita o lavoro. Buona progettazione e buona coltivazione integrata!

Capitolo 10
Coltivazione sostenibile e risparmio energetico

Utilizzo di energie rinnovabili nell'idroponica

L'integrazione di energie rinnovabili nei sistemi idroponici non solo riduce l'impatto ambientale, ma può anche abbattere significativamente i costi operativi a lungo termine. Questa guida ti aiuterà a implementare soluzioni energetiche sostenibili nel tuo sistema idroponico.

Processo passo-passo per l'implementazione:

1. Valutazione dei consumi energetici:
   a) Analizza il consumo energetico attuale del tuo sistema.
   b) Identifica i componenti ad alto consumo (es. luci, pompe, sistemi di climatizzazione).
   c) Calcola il fabbisogno energetico giornaliero e mensile.

2. Scelta delle fonti di energia rinnovabile:
   a) Energia solare fotovoltaica:
      - Ideale per la maggior parte dei sistemi idroponici.
      - Efficace per alimentare luci LED e pompe.
   b) Energia eolica:
      - Adatta per aree ventose o installazioni su tetto.
      - Può integrare l'energia solare nelle ore notturne.
   c) Biomassa:
      - Utile per il riscaldamento in climi freddi.
      - Può utilizzare scarti organici dell'attività di coltivazione.

3. Dimensionamento del sistema solare fotovoltaico:
 a) Calcola la superficie disponibile per i pannelli solari.
 b) Determina il numero di pannelli necessari in base al consumo.
 c) Scegli un inverter adeguato alla potenza del sistema.
 d) Includi batterie per l'accumulo di energia.

4. Installazione del sistema solare:
 a) Posiziona i pannelli con l'orientamento e l'inclinazione ottimali.
 b) Installa l'inverter in un luogo fresco e asciutto.
 c) Collega le batterie per l'accumulo energetico.
 d) Implementa un sistema di monitoraggio della produzione energetica.

5. Integrazione con il sistema idroponico:
 a) Collega le pompe e le luci al sistema di energia rinnovabile.
 b) Installa un sistema di controllo intelligente per ottimizzare l'uso dell'energia.
 c) Programma i cicli di irrigazione e illuminazione in base alla disponibilità energetica.

6. Ottimizzazione energetica del sistema:
 a) Sostituisci le luci tradizionali con LED ad alta efficienza.
 b) Utilizza pompe a basso consumo e alta efficienza.
 c) Implementa sistemi di isolamento termico per ridurre i costi di climatizzazione.

7. Monitoraggio e manutenzione:
 a) Controlla regolarmente l'efficienza dei pannelli solari.
 b) Pulisci i pannelli periodicamente per massimizzare la resa.
 c) Verifica lo stato delle batterie e dell'inverter.

Consigli pratici:
- Inizia con un sistema di dimensioni ridotte e espandilo gradualmente.
- Considera l'uso di sistemi ibridi (es. solare + eolico) per una maggiore affidabilità.
- Sfrutta incentivi governativi o locali per l'installazione di sistemi rinnovabili.

Risoluzione dei problemi comuni:

1. Problema: Produzione energetica insufficiente
Soluzione:
- Verifica che i pannelli non siano ombreggiati o sporchi.
- Aumenta la capacità di accumulo con batterie aggiuntive.
- Considera l'aggiunta di pannelli solari o l'integrazione con altre fonti rinnovabili.

2. Problema: Interruzioni di corrente durante giorni nuvolosi
Soluzione:
- Implementa un sistema di backup a batteria più robusto.
- Integra un generatore a biomassa per periodi di bassa produzione solare.
- Ottimizza l'efficienza energetica del sistema idroponico per ridurre il consumo.

3. Problema: Surriscaldamento dei componenti elettrici
Soluzione:
- Migliora la ventilazione attorno all'inverter e alle batterie.
- Installa un sistema di raffreddamento per i componenti critici.
- Considera l'uso di tecnologie a bassa emissione di calore.

4. Problema: Degrado precoce delle batterie
Soluzione:
- Implementa un sistema di gestione della carica intelligente.
- Mantieni le batterie in un ambiente a temperatura controllata.
- Sostituisci le batterie al piombo con tecnologie più avanzate (es. litio).

5. Problema: Fluttuazioni nella potenza erogata
Soluzione:
- Installa un regolatore di tensione per stabilizzare l'output.
- Usa inverter di alta qualità con funzioni di stabilizzazione integrate.
- Implementa un sistema di gestione energetica intelligente.

6. Problema: Costi iniziali elevati
Soluzione:
- Pianifica un'implementazione graduale del sistema rinnovabile.
- Esplora opzioni di finanziamento o leasing per l'attrezzatura.
- Calcola e presenta il ritorno sull'investimento a lungo termine.

7. Problema: Interferenze elettromagnetiche con i sistemi di controllo
Soluzione:
- Usa cavi schermati per le connessioni elettriche.
- Separa fisicamente i componenti del sistema rinnovabile dai controlli idroponici.
- Installa filtri EMI (Interferenza Elettromagnetica) sui circuiti sensibili.

Ricorda, l'integrazione di energie rinnovabili in un sistema idroponico richiede una pianificazione attenta e un investimento iniziale, ma può portare a significativi risparmi a lungo termine e a una riduzione dell'impatto ambientale. Ogni sistema è unico, quindi non esitare a consultare esperti del settore per soluzioni personalizzate. Con il giusto approccio, puoi creare un sistema idroponico altamente efficiente e sostenibile che sarà un modello di agricoltura verde per il futuro. Buona coltivazione sostenibile!

Raccolta dell'acqua piovana e riciclo dell'acqua

L'implementazione di sistemi di raccolta dell'acqua piovana e di riciclo dell'acqua può ridurre significativamente il consumo idrico del tuo sistema idroponico, rendendolo più sostenibile ed economico.

Processo passo-passo per l'implementazione:

1. Sistema di raccolta dell'acqua piovana:

a) Valutazione del sito:
   - Calcola la superficie di raccolta disponibile (es. tetto).
   - Determina la quantità media di pioggia nella tua area.

b) Installazione del sistema di raccolta:
   - Pulisci e prepara la superficie di raccolta.
   - Installa grondaie e pluviali se non presenti.
   - Aggiungi filtri per foglie e detriti ai pluviali.

c) Sistema di stoccaggio:
   - Scegli serbatoi di dimensioni adeguate (calcola in base alla superficie e alle precipitazioni).
   - Posiziona i serbatoi su una base solida e livellata.
   - Installa un sistema di troppo pieno e di svuotamento.

d) Trattamento dell'acqua:
   - Installa un sistema di filtrazione primaria (sabbia, ghiaia).
   - Aggiungi un sistema di disinfezione UV o a ozono.

e) Collegamento al sistema idroponico:
   - Installa una pompa per trasferire l'acqua al sistema.

- Collega il sistema al serbatoio principale dell'impianto idroponico.

2. Sistema di riciclo dell'acqua:

a) Raccolta dell'acqua di drenaggio:
- Installa un sistema di canalizzazione sotto i moduli di coltivazione.
- Crea un punto di raccolta centralizzato.

b) Filtrazione:
- Implementa un sistema di filtrazione meccanica per rimuovere detriti.
- Aggiungi un filtro biologico per ridurre i composti organici.

c) Sterilizzazione:
- Installa un sistema UV o a ozono per eliminare patogeni.

d) Riequilibrio dei nutrienti:
- Analizza regolarmente l'acqua riciclata per EC e pH.
- Integra con nutrienti freschi secondo necessità.

e) Reimmissione nel sistema:
- Pompa l'acqua trattata nel serbatoio principale.

3. Integrazione e automazione:
- Installa sensori di livello nei serbatoi.
- Implementa un sistema di controllo automatico per gestire il flusso d'acqua.
- Crea un programma di manutenzione regolare per tutti i componenti.

Consigli pratici:
- Usa materiali non tossici e resistenti agli UV per i serbatoi esterni.

- Implementa un sistema di monitoraggio della qualità dell'acqua in tempo reale.
- Considera l'installazione di un tetto verde per aumentare la superficie di raccolta.

Risoluzione dei problemi comuni:

1. Problema: Acqua piovana contaminata
Soluzione:
- Installa un sistema di "first flush" per scartare i primi litri di pioggia più contaminati.
- Aumenta la frequenza di pulizia dei filtri.
- Implementa un sistema di trattamento più avanzato (es. osmosi inversa).

2. Problema: Proliferazione di alghe nei serbatoi
Soluzione:
- Copri i serbatoi per bloccare la luce solare.
- Aggiungi un sistema di circolazione per prevenire l'acqua stagnante.
- Usa trattamenti naturali anti-alghe compatibili con l'idroponica.

3. Problema: Accumulo di sali nell'acqua riciclata
Soluzione:
- Implementa un sistema di osmosi inversa per una parte dell'acqua riciclata.
- Aumenta la frequenza di rinnovo parziale della soluzione nutritiva.
- Ajusta la formulazione dei nutrienti per compensare l'accumulo di sali.

4. Problema: Intasamento dei sistemi di filtrazione
Soluzione:
- Implementa un sistema di pre-filtrazione più efficace.
- Aumenta la frequenza di pulizia e manutenzione dei filtri.
- Considera l'uso di filtri autopulenti.

5. Problema: pH instabile nell'acqua riciclata
Soluzione:
- Installa un sistema di regolazione automatica del pH.
- Usa tamponi pH naturali nella soluzione nutritiva.
- Monitora e ajusta più frequentemente il pH.

6. Problema: Capacità di stoccaggio insufficiente
Soluzione:
- Aggiungi serbatoi modulari per aumentare la capacità.
- Implementa un sistema di gestione intelligente per ottimizzare l'uso dell'acqua.
- Considera l'installazione di un sistema di infiltrazione nel terreno per l'eccesso.

7. Problema: Contaminazione batterica nell'acqua riciclata
Soluzione:
 - Aumenta la potenza o la frequenza del trattamento UV/ozono.
- Implementa un sistema di monitoraggio microbiologico regolare.
- Considera l'uso di probiotici benefici per competere con i patogeni.

Ricorda, l'implementazione di sistemi di raccolta dell'acqua piovana e di riciclo richiede un investimento iniziale, ma può portare a significativi risparmi idrici ed economici nel lungo termine. Inoltre, contribuisce notevolmente alla sostenibilità del tuo sistema idroponico. Assicurati di rispettare le normative locali riguardanti la raccolta dell'acqua piovana e il trattamento delle acque. Con una corretta manutenzione e monitoraggio, questi sistemi possono funzionare efficacemente per molti anni, rendendo la tua coltivazione idroponica più ecologica e resiliente. Buona coltivazione sostenibile!

Compostaggio dei rifiuti vegetali

Il compostaggio dei rifiuti vegetali provenienti dal tuo sistema idroponico è un ottimo modo per chiudere il ciclo dei nutrienti, ridurre gli sprechi e creare un fertilizzante naturale di alta qualità. Ecco come implementare un sistema di compostaggio efficace:

Processo passo-passo:

1. Scelta del metodo di compostaggio:
    a) Compostiera chiusa:
        - Ideale per spazi piccoli e ambienti urbani.
        - Mantiene il processo più controllato e pulito.
    b) Cumulo aperto:
        - Adatto per grandi quantità di materiale.
        - Richiede più spazio ma è più facile da gestire.

2. Preparazione dell'area:
    - Scegli un'area ben drenata e parzialmente ombreggiata.
    - Assicurati che il sito sia facilmente accessibile.

3. Raccolta dei materiali:
    - Materiali "verdi" (ricchi di azoto): scarti di piante idroponiche, erba tagliata.
    - Materiali "marroni" (ricchi di carbonio): foglie secche, carta, cartone.

4. Costruzione del cumulo:
    a) Strato di base: inizia con uno strato di materiali "marroni" per favorire il drenaggio.
    b) Alternanza: alterna strati di materiali "verdi" e "marroni" (rapporto ideale 1:3).
    c) Dimensioni: mira a un cumulo di almeno $1m^3$ per un processo efficiente.

5. Gestione del processo:
 a) Umidità: mantieni il cumulo umido come una spugna strizzata.
 b) Aerazione: rivolta il cumulo ogni 1-2 settimane per ossigenare.
 c) Temperatura: monitora la temperatura interna (ideale 55-65°C).

6. Monitoraggio e manutenzione:
 - Controlla regolarmente umidità, odore e consistenza.
 - Aggiungi materiali "verdi" se il processo rallenta.
 - Aggiungi materiali "marroni" se il cumulo diventa troppo umido o maleodorante.

7. Raccolta del compost:
 - Il compost è pronto quando ha un colore scuro, una consistenza friabile e un odore di terra.
 - Setaccia il compost per rimuovere eventuali parti non decomposte.

8. Utilizzo del compost:
 - Usa il compost come ammendante per terreni tradizionali.
 - Crea un tè di compost per integrare nutrienti nel sistema idroponico.

Consigli pratici:
- Taglia i rifiuti vegetali in piccoli pezzi per accelerare la decomposizione.
- Evita di aggiungere piante malate o infestate da parassiti.
- Mantieni un registro delle aggiunte e delle rotazioni del cumulo.

Risoluzione dei problemi comuni:

1. Problema: Odore sgradevole
Soluzione:
- Aggiungi più materiali "marroni" per equilibrare l'umidità.
- Aumenta l'aerazione rivoltando più frequentemente il cumulo.
- Verifica che il drenaggio sia adeguato.

2. Problema: Decomposizione lenta
Soluzione:
- Controlla l'umidità e aggiungi acqua se il cumulo è troppo secco.
- Aumenta la quantità di materiali "verdi" per fornire più azoto.
- Riduce le dimensioni dei materiali per accelerare la decomposizione.

3. Problema: Presenza di insetti o roditori
Soluzione:
- Evita di aggiungere resti di cibo o carne al compost.
- Copri il cumulo con un telo o usa una compostiera chiusa.
- Mantieni il cumulo ben gestito e aerato.

4. Problema: Temperatura troppo bassa
Soluzione:
- Aumenta le dimensioni del cumulo per trattenere più calore.
- Aggiungi più materiali "verdi" per stimolare l'attività microbica.
- Proteggi il cumulo dal freddo con una copertura isolante.

5. Problema: Cumulo troppo umido
Soluzione:
- Aggiungi materiali secchi come foglie o carta tritata.
- Rivolta il cumulo più frequentemente per favorire l'evaporazione.
- Proteggi il cumulo dalla pioggia con una copertura.

6. Problema: Presenza di piante indesiderate nel compost
Soluzione:
- Assicurati che il centro del cumulo raggiunga temperature elevate per uccidere i semi.
- Evita di aggiungere piante infestanti con semi maturi.
- Usa il compost solo per piante adulte, non per la semina.

7. Problema: pH del compost non equilibrato
Soluzione:
- Aggiungi cenere di legna per alzare il pH se troppo acido.
- Aggiungi materiali ricchi di carbonio (come segatura) se il pH è troppo alcalino.
- Testa regolarmente il pH e ajusta la composizione del cumulo di conseguenza.

Ricorda, il compostaggio è un processo naturale che richiede pazienza e attenzione. Con la pratica, imparerai a riconoscere le esigenze del tuo cumulo di compost e a produrre un fertilizzante di alta qualità per il tuo giardino o sistema idroponico. Il compostaggio non solo riduce gli sprechi, ma crea anche un ciclo chiuso di nutrienti, contribuendo alla sostenibilità della tua coltivazione. Buon compostaggio!

Capitolo 11
Raccolta e conservazione dei prodotti

Tecniche di raccolta per massimizzare la resa

La raccolta è un momento cruciale nella coltivazione idroponica. Un approccio corretto può massimizzare la resa, migliorare la qualità dei prodotti e prolungare la produttività delle piante.

Processo passo-passo per una raccolta ottimale:

1. Preparazione alla raccolta:
   a) Strumenti necessari:
   - Forbici pulite e affilate
   - Contenitori puliti per la raccolta
   - Guanti sterili
   - Etichette e pennarelli indelebili

   b) Pianificazione:
   - Identifica le piante pronte per la raccolta
   - Programma la raccolta nelle ore più fresche del giorno

2. Tecniche di raccolta per diverse colture:

   a) Verdure a foglia (es. lattuga, spinaci):
   - Raccogli le foglie esterne lasciando il cuore per la ricrescita
   - Taglia alla base con un taglio netto
   - Per la raccolta completa, taglia l'intera pianta appena sopra la corona

b) Erbe aromatiche:
- Usa la tecnica "taglia e ricresci": rimuovi fino a 2/3 della pianta
- Taglia appena sopra un nodo di crescita per stimolare la ramificazione

c) Pomodori e peperoni:
- Raccogli quando il frutto è completamente colorato
- Usa forbici per tagliare il picciolo, evitando di tirare il frutto

d) Cetrioli e zucchine:
- Raccogli quando i frutti sono giovani e teneri
- Taglia il gambo con un taglio obliquo per prevenire malattie

e) Frutti di bosco:
- Raccogli delicatamente senza schiacciare i frutti
- Usa contenitori poco profondi per evitare ammaccature

3. Massimizzazione della resa:
- Raccogli frequentemente per stimolare nuova produzione
- Mantieni un equilibrio tra foglie e frutti nelle piante fruttifere
- Rimuovi fiori e frutti in eccesso per favorire una crescita bilanciata

4. Post-raccolta immediata:
- Raffredda rapidamente i prodotti raccolti
- Rimuovi eventuali parti danneggiate o malate
- Organizza i prodotti per tipo e qualità

5. Gestione delle piante dopo la raccolta:
- Pota le parti non produttive

- Ajusta la soluzione nutritiva per stimolare nuova crescita
- Monitora attentamente per segni di stress o malattie

6. Registrazione dati:
   - Annota quantità raccolte, date e qualità dei prodotti
   - Usa queste informazioni per ottimizzare future coltivazioni

Consigli pratici:
- Mantieni sempre gli strumenti puliti e affilati per tagli precisi
- Raccogli al momento giusto di maturazione per ogni coltura
- Evita di danneggiare le piante durante la raccolta

Risoluzione dei problemi comuni:

1. Problema: Frutti che maturano in modo non uniforme
Soluzione:
- Migliora la distribuzione della luce nel sistema
- Assicura una distribuzione uniforme dei nutrienti
- Considera la potatura selettiva per bilanciare la crescita

2. Problema: Diminuzione della produzione nel tempo
Soluzione:
- Verifica e ajusta la soluzione nutritiva
- Implementa un programma di rotazione delle colture
- Assicurati che le piante ricevano sufficiente luce e spazio

3. Problema: Frutti o foglie danneggiate durante la raccolta
Soluzione:
- Forma il personale sulle tecniche di raccolta corrette
- Usa strumenti appropriati e in buone condizioni
- Raccogli con maggiore frequenza per evitare sovramaturazione

4. Problema: Stress delle piante dopo una raccolta intensa
Soluzione:
- Riduce temporaneamente la concentrazione dei nutrienti
- Aumenta l'ombreggiatura per alcuni giorni
- Fornisci supporto extra alle piante rimanenti

5. Problema: Qualità inconsistente dei prodotti raccolti
Soluzione:
- Standardizza le procedure di raccolta
- Implementa un sistema di controllo qualità
 - Forma il personale sul riconoscimento della maturità ottimale

6. Problema: Rapida deteriorazione post-raccolta
Soluzione:
- Migliora le tecniche di raffreddamento immediato
 - Ottimizza le condizioni di conservazione (temperatura, umidità)
- Raccogli nelle ore più fresche della giornata

7. Problema: Diffusione di malattie durante la raccolta
Soluzione:
 - Disinfetta regolarmente gli strumenti tra una pianta e l'altra
- Isola e rimuovi immediatamente le piante malate
- Implementa pratiche di igiene rigorose durante la raccolta

Ricorda, la raccolta è un'arte tanto quanto una scienza. Con l'esperienza, svilupperai un'intuizione per il momento perfetto di raccolta di ogni coltura. Presta sempre attenzione ai segnali che le piante ti danno e sii flessibile nell'adattare le tue tecniche in base alle esigenze specifiche di ogni varietà.

Conservazione e trasformazione dei prodotti in eccesso

Gestire efficacemente i prodotti in eccesso è fondamentale per ridurre gli sprechi e massimizzare il valore del tuo raccolto idroponico. Ecco come conservare e trasformare i tuoi prodotti:

Processo passo-passo:

1. Valutazione del raccolto:
   - Separa i prodotti per tipo e qualità.
   - Identifica quelli adatti al consumo immediato, alla conservazione o alla trasformazione.

2. Tecniche di conservazione:

   a) Refrigerazione:
   - Pulisci delicatamente i prodotti.
   - Asciugali accuratamente.
   - Conserva in contenitori traspiranti o sacchetti forati.
   - Temperatura ideale: 1-4°C per la maggior parte delle verdure.

   b) Congelamento:
   - Lava e taglia i prodotti.
   - Sbollenta le verdure per 1-2 minuti.
   - Raffredda rapidamente in acqua ghiacciata.
   - Asciuga e congela in sacchetti ermetici.

   c) Essiccazione:
   - Taglia i prodotti in fette sottili uniformi.
   - Usa un essiccatore o il forno a bassa temperatura (50-60°C).

- Conserva in contenitori ermetici al buio.

3. Tecniche di trasformazione:

a) Conserve sottaceto:
- Prepara una salamoia (acqua, aceto, sale, spezie).
- Sterilizza i barattoli.
- Riempi con verdure e salamoia calda.
- Processa in bagno d'acqua bollente.

b) Salse e passate:
- Cuoci le verdure (es. pomodori) fino ad ammorbidirle.
- Passa al setaccio o frulla.
- Cuoci fino alla consistenza desiderata.
- Imbottiglia a caldo in contenitori sterilizzati.

c) Pesti e condimenti:
- Trita finemente erbe aromatiche.
- Aggiungi olio, formaggio, noci secondo la ricetta.
- Conserva in barattoli coperti d'olio o congela in cubetti.

4. Etichettatura e stoccaggio:
- Etichetta ogni contenitore con il contenuto e la data.
- Conserva in luoghi freschi, asciutti e bui.
- Usa il sistema FIFO (First In, First Out) per la rotazione.

5. Monitoraggio della qualità:
- Controlla regolarmente i prodotti conservati.
- Elimina immediatamente quelli che mostrano segni di deterioramento.

Consigli pratici:
- Pianifica in anticipo la conservazione basandoti sui cicli di raccolta previsti.

- Investi in attrezzature di qualità per la conservazione (es. essiccatore, macchina sottovuoto).
- Sperimenta con ricette diverse per valorizzare al meglio i tuoi prodotti.

Risoluzione dei problemi comuni:

1. Problema: Formazione di muffe nei prodotti essiccati
Soluzione:
   - Assicurati che i prodotti siano completamente asciutti prima di conservarli.
   - Usa sacchetti con assorbitori di umidità.
   - Controlla regolarmente e elimina eventuali parti contaminate.

2. Problema: Perdita di colore e sapore nei prodotti congelati
Soluzione:
   - Assicurati di sbollentare correttamente prima del congelamento.
   - Usa sacchetti sottovuoto per ridurre l'esposizione all'aria.
   - Consuma entro 6-12 mesi per la migliore qualità.

3. Problema: Conserve che non si sigillano correttamente
Soluzione:
   - Verifica che i bordi dei barattoli siano perfettamente puliti.
   - Usa sempre coperchi nuovi per le conserve.
   - Processa i barattoli per il tempo corretto in base alla ricetta.

4. Problema: Separazione dell'olio nei pesti
Soluzione:
   - Aggiungi un po' di succo di limone per emulsionare meglio.
   - Mescola bene prima dell'uso.
   - Conserva in contenitori più piccoli per un consumo più rapido.

5. Problema: Verdure sottaceto troppo morbide
Soluzione:
- Aggiungi foglie di vite o tannino alimentare alla salamoia.
- Usa verdure più fresche e croccanti.
- Non processare troppo a lungo i barattoli.

6. Problema: Ossidazione rapida di frutta e verdura tagliata
Soluzione:
- Immergi in acqua acidulata (con succo di limone) prima di congelare.
- Usa un'impastatrice sottovuoto per rimuovere l'aria prima del congelamento.
- Consuma rapidamente una volta scongelato.

7. Problema: Sapore metallico nelle conserve
Soluzione:
- Usa pentole e utensili in acciaio inox o smalto.
- Evita di lasciare le conserve nei barattoli aperti.
- Verifica che i coperchi non siano danneggiati o arrugginiti.

Ricorda, la conservazione e la trasformazione dei prodotti in eccesso non solo riduce gli sprechi, ma ti permette anche di godere dei frutti del tuo lavoro tutto l'anno. Sperimenta con diverse tecniche e ricette per trovare i metodi che funzionano meglio per te e i tuoi prodotti. Con la pratica, diventerai esperto nel preservare al meglio le qualità nutritive e organolettiche dei tuoi raccolti idroponici. Buona conservazione e buon appetito!

Pianificazione della rotazione delle colture

La rotazione delle colture è una pratica fondamentale anche nell'idroponica, che aiuta a ottimizzare l'uso dei nutrienti, prevenire malattie e mantenere alta la produttività del sistema.

Processo passo-passo per una rotazione efficace:

1. Analisi del sistema attuale:
   - Documenta le colture attuali e la loro disposizione.
   - Valuta le performance di ogni coltura.
   - Identifica eventuali problemi ricorrenti (malattie, carenze, ecc.).

2. Categorizzazione delle colture:
   - Raggruppa le piante per famiglie botaniche (es. Solanacee, Cucurbitacee).
   - Classifica in base alle esigenze nutrizionali (alte, medie, basse).
   - Suddividi per tempi di crescita (breve, medio, lungo ciclo).

3. Creazione di un piano di rotazione:
   a) Stabilisci un ciclo di rotazione (es. 3-4 stagioni).
   b) Alterna colture con:
   - Diverse famiglie botaniche.
   - Differenti esigenze nutrizionali.
   - Vari sistemi radicali (superficiali e profondi).

4. Pianificazione temporale:
   - Crea un calendario di coltivazione dettagliato.
   - Prevedi periodi di "riposo" tra le colture per la pulizia del sistema.

- Sincronizza i cicli di crescita con la domanda stagionale.

5. Ottimizzazione dello spazio:
- Utilizza colture companion quando possibile.
- Alterna piante alte con piante basse.
- Considera la coltivazione verticale per massimizzare lo spazio.

6. Gestione dei nutrienti:
- Adatta la soluzione nutritiva per ogni fase della rotazione.
- Prevedi un "lavaggio" del sistema tra cicli di colture diverse.
- Monitora attentamente pH ed EC durante le transizioni.

7. Implementazione del piano:
- Prepara in anticipo i materiali necessari per ogni cambio di coltura.
- Esegui una pulizia approfondita del sistema tra un ciclo e l'altro.
- Documenta ogni passaggio per future ottimizzazioni.

8. Monitoraggio e ajustamento:
- Osserva attentamente la crescita e la salute delle piante.
- Registra rese e problemi incontrati.
- Modifica il piano di rotazione in base ai risultati osservati.

Consigli pratici:
- Mantieni un diario dettagliato di ogni ciclo di coltivazione.
- Sii flessibile: ajusta il piano in base alle condizioni reali e alla domanda di mercato.
- Considera l'introduzione di colture "pulitrici" (es. microverdi) tra cicli principali.

Risoluzione dei problemi comuni:

1. Problema: Calo di produttività dopo diversi cicli
Soluzione:
- Verifica l'accumulo di sali nel sistema e esegui un lavaggio approfondito.
- Introduci una coltura con esigenze nutrizionali diverse.
- Considera un periodo di "riposo" del sistema più lungo.

2. Problema: Persistenza di patogeni nonostante la rotazione
Soluzione:
- Aumenta il periodo di disinfezione tra i cicli.
- Utilizza trattamenti biologici preventivi (es. Trichoderma).
- Verifica che non ci siano "riserve" di patogeni nel sistema (tubi, pompe).

3. Problema: Difficoltà nel gestire diverse esigenze nutrizionali
Soluzione:
- Implementa sistemi separati per colture con esigenze molto diverse.
- Usa sistemi di dosaggio automatico per ajustare facilmente la soluzione nutritiva.
- Raggruppa colture con esigenze simili nello stesso ciclo.

4. Problema: Tempi di transizione troppo lunghi tra le colture
Soluzione:
- Prepara le nuove piantine mentre il ciclo precedente è ancora in corso.
- Ottimizza le procedure di pulizia e cambio del sistema.
- Considera l'uso di sistemi modulari per transizioni più rapide.

5. Problema: Squilibri nutrizionali nel substrato riutilizzato
Soluzione:
- Esegui analisi del substrato prima di riutilizzarlo.
- Implementa un sistema di "lavaggio" del substrato tra i cicli.
- Considera la sostituzione parziale o totale del substrato periodicamente.

6. Problema: Crescita irregolare in sistemi verticali
Soluzione:
- Ruota periodicamente le posizioni delle piante.
- Ajusta l'illuminazione per garantire una copertura uniforme.
- Utilizza sistemi di irrigazione che garantiscano una distribuzione omogenea.

7. Problema: Difficoltà nel prevedere i tempi di raccolta
Soluzione:
- Utilizza dati storici per affinare le previsioni.
- Implementa un sistema di monitoraggio della crescita (es. sensori, fotografie regolari).
- Mantieni alcune aree flessibili nel tuo piano per gestire variazioni impreviste.

Ricorda, una rotazione delle colture ben pianificata è fondamentale per mantenere un sistema idroponico sano e produttivo nel lungo termine. Richiede osservazione costante, flessibilità e volontà di apprendere da ogni ciclo. Con il tempo, svilupperai un piano di rotazione ottimizzato per il tuo specifico sistema e le tue esigenze di produzione. Buona pianificazione e buona coltivazione!

Capitolo 12
Progetti avanzati di idroponica domestica

Sistemi acquaponici: integrazione con l'allevamento di pesci

L'acquaponica combina l'allevamento di pesci (acquacoltura) con la coltivazione di piante in un sistema simbiotico. I rifiuti dei pesci forniscono nutrienti alle piante, mentre le piante filtrano l'acqua per i pesci.

Processo passo-passo per creare un sistema acquaponico:

1. Pianificazione del sistema:
    a) Scegli lo spazio: interno o esterno, dimensioni disponibili.
    b) Determina la scala: domestica (100-1000 litri) o più grande.
    c) Seleziona il tipo di sistema: media-based, DWC, o NFT.

2. Componenti necessari:
    - Vasca per i pesci
    - Letti di crescita per le piante
    - Pompa per l'acqua
    - Sistemi di filtraggio (meccanico e biologico)
    - Aeratori
    - Tubature e raccordi
    - Substrato per le piante (es. argilla espansa)

3. Montaggio del sistema:

a) Posiziona la vasca dei pesci.

b) Installa i letti di crescita sopra o accanto alla vasca.

c) Collega il sistema di pompaggio e filtraggio:
- Dalla vasca dei pesci al filtro meccanico
- Dal filtro al biofiltro (se separato)
- Dal biofiltro ai letti di crescita
- Dai letti di crescita di nuovo alla vasca dei pesci

d) Installa gli aeratori nella vasca dei pesci e nei letti di crescita.

4. Ciclo dell'acqua:
- Assicurati che l'acqua circoli completamente ogni ora.
- Verifica che non ci siano perdite o intasamenti.

5. Avvio del sistema:

a) Riempi il sistema con acqua declorata.

b) Avvia il ciclo dell'azoto:
- Aggiungi batteri nitrificanti.
- Introduci una piccola quantità di ammoniaca.
- Monitora i livelli di ammoniaca, nitriti e nitrati finché il ciclo non è completo (2-6 settimane).

6. Introduzione dei pesci:
- Scegli specie adatte (es. tilapia, carpe, trote).
- Introduci gradualmente i pesci (1 pesce ogni 20-40 litri d'acqua).

7. Piantumazione:
- Inizia con piante a crescita rapida e bassa richiesta di nutrienti.
- Espandi gradualmente con una varietà di colture.

8. Manutenzione regolare:
- Controlla quotidianamente temperatura, pH (6.8-7.2) e livelli di ammoniaca.
- Alimenta i pesci con moderazione (2-3% del loro peso corporeo al giorno).
- Rimuovi regolarmente i solidi in sospensione.

Consigli pratici:
- Usa pesci e piante locali per un sistema più resiliente.
- Implementa un sistema di backup elettrico per emergenze.
- Considera l'uso di energie rinnovabili per alimentare il sistema.

Risoluzione dei problemi comuni:

1. Problema: Acqua torbida o maleodorante
Soluzione:
- Aumenta il filtraggio meccanico.
- Riduci temporaneamente l'alimentazione dei pesci.
- Verifica che non ci siano pesci morti o cibo non consumato.

2. Problema: Crescita lenta delle piante
Soluzione:
- Controlla i livelli di ferro e potassio, integra se necessario.
- Verifica che il pH sia nel range corretto.
- Aumenta l'aerazione nei letti di crescita.

3. Problema: Pesci che mostrano segni di stress
Soluzione:
- Controlla immediatamente i livelli di ammoniaca e ossigeno disciolto.
- Verifica che la temperatura sia adeguata per la specie.
- Esegui un cambio parziale dell'acqua se necessario.

4. Problema: Alghe in eccesso
Soluzione:
- Riduci l'esposizione alla luce della vasca dei pesci.
- Aumenta la copertura vegetale nei letti di crescita.
- Considera l'aggiunta di piante galleggianti nella vasca dei pesci.

5. Problema: Fluttuazioni di pH
Soluzione:
- Aggiungi carbonato di calcio o altri buffer per stabilizzare il pH.
- Verifica la durezza dell'acqua e ajusta se necessario.
- Monitora e ajusta più frequentemente durante le prime settimane.

6. Problema: Intasamento delle pompe o dei tubi
Soluzione:
- Pulisci regolarmente i filtri e le pompe.
- Installa pre-filtri sulle pompe.
- Usa tubi di diametro maggiore per ridurre gli intasamenti.

7. Problema: Squilibrio tra produzione di nutrienti e assorbimento
Soluzione:
- Ajusta il rapporto tra pesci e piante.
- Introduci più piante ad alto assorbimento di nutrienti.
- Considera un sistema di denitrificazione per sistemi molto carichi.

Ricorda, l'acquaponica è un ecosistema complesso che richiede pazienza e attenzione costante. Con la pratica, imparerai a riconoscere i segnali del tuo sistema e a mantenerlo in equilibrio. Questo approccio non solo produce cibo in modo sostenibile, ma crea anche un affascinante microcosmo che può essere fonte di continuo apprendimento e soddisfazione. Buona sperimentazione con il tuo sistema acquaponico!

Automazione con sensori e controllo remoto

L'automazione di un sistema idroponico può migliorare significativamente l'efficienza, la precisione e la comodità della gestione, permettendo un controllo ottimale anche a distanza.

Processo passo-passo per implementare l'automazione:

1. Valutazione del sistema esistente:
   - Identifica i processi da automatizzare (irrigazione, illuminazione, nutrizione, ecc.).
   - Determina i punti critici che richiedono monitoraggio costante.

2. Scelta dei componenti:
   a) Sensori:
      - pH e EC (conducibilità elettrica)
      - Temperatura dell'acqua e dell'ambiente
      - Umidità dell'aria e del substrato
      - Livello dell'acqua
      - Luminosità

   b) Attuatori:
      - Pompe dosimetriche per nutrienti
      - Valvole per l'irrigazione
      - Relè per luci e ventilatori

   c) Unità di controllo:
      - Microcontrollore (es. Arduino, Raspberry Pi)
      - PLC (Controllore Logico Programmabile) per sistemi più grandi

d) Interfaccia utente:
- Display LCD locale
- Applicazione mobile o interfaccia web per controllo remoto

3. Installazione hardware:
a) Posiziona i sensori nei punti strategici del sistema.
b) Collega gli attuatori ai rispettivi sistemi (pompe, luci, ecc.).
c) Installa l'unità di controllo in un luogo protetto e accessibile.
d) Assicurati che tutti i collegamenti siano impermeabili e sicuri.

4. Configurazione software:
a) Programma il microcontrollore con le logiche di controllo desiderate.
b) Imposta i valori di soglia per ciascun parametro monitorato.
c) Crea regole di automazione (es. "Se pH $>$ 6.5, attiva pompa acido").
d) Implementa un sistema di logging per registrare tutti i dati.

5. Impostazione del controllo remoto:
a) Configura una connessione Internet sicura (Wi-Fi o GSM).
b) Sviluppa o adatta un'interfaccia utente per dispositivi mobili o web.
c) Implementa sistemi di notifica per eventi critici (email, SMS).

6. Test e calibrazione:
- Esegui test approfonditi di ogni componente e dell'intero sistema.

- Calibra accuratamente tutti i sensori.
- Verifica la risposta del sistema in vari scenari.

7. Monitoraggio e manutenzione:
- Controlla regolarmente l'accuratezza dei sensori.
- Aggiorna il software quando necessario.
- Pulisci e mantieni i componenti hardware periodicamente.

Consigli pratici:
- Inizia con un'automazione di base e espandi gradualmente.
- Usa componenti di qualità resistenti all'umidità e alla corrosione.
- Implementa un sistema di backup per i dati critici.

Risoluzione dei problemi comuni:

1. Problema: Letture dei sensori inaccurate
Soluzione:
- Ricalibrare i sensori regolarmente.
- Verifica che non ci siano interferenze elettromagnetiche.
- Sostituisci i sensori se mostrano segni di deterioramento.

2. Problema: Perdita di connessione remota
Soluzione:
- Verifica la stabilità della connessione Internet.
- Implementa un sistema di riavvio automatico del router.
- Considera l'uso di una connessione di backup (es. 4G).

3. Problema: Attuatori che non rispondono
Soluzione:
- Controlla i collegamenti elettrici.
- Verifica che i relè non siano danneggiati.
- Assicurati che il software di controllo funzioni correttamente.

4. Problema: Sovradosaggio di nutrienti o pH
Soluzione:
- Ajusta i tempi di attivazione delle pompe dosimetriche.
- Implementa un sistema di feedback più lento.
- Aggiungi controlli di sicurezza nel software per prevenire dosaggi eccessivi.

5. Problema: Surriscaldamento dell'unità di controllo
Soluzione:
- Migliora la ventilazione dell'alloggiamento.
- Usa dissipatori di calore su componenti critici.
- Considera l'uso di un sistema di raffreddamento attivo.

6. Problema: Falsi allarmi frequenti
Soluzione:
- Ajusta le soglie di allarme per ridurre la sensibilità.
- Implementa un sistema di conferma prima di inviare notifiche.
- Verifica che i sensori non siano influenzati da fattori esterni.

7. Problema: Consumo energetico eccessivo
Soluzione:
- Ottimizza gli algoritmi di controllo per ridurre l'attivazione degli attuatori.
- Usa componenti a basso consumo energetico.
- Considera l'implementazione di un sistema di energia solare per l'automazione.

Ricorda, l'automazione di un sistema idroponico richiede una pianificazione attenta e una manutenzione regolare. Tuttavia, una volta implementata correttamente, può significativamente migliorare l'efficienza e la produttività del tuo sistema, permettendoti di gestirlo con precisione anche da remoto. Con il tempo e l'esperienza, potrai raffinare il tuo sistema automatizzato per adattarlo perfettamente alle tue esigenze specifiche. Buona automazione!

Scalare il tuo sistema per una produzione maggiore

L'espansione di un sistema idroponico richiede una pianificazione attenta e un'implementazione graduale per garantire il successo e l'efficienza della produzione su larga scala.

Processo passo-passo per scalare il sistema:

1. Valutazione del sistema attuale:
   - Analizza le prestazioni e l'efficienza del sistema esistente.
   - Identifica i colli di bottiglia e le aree di miglioramento.
   - Calcola la resa attuale per metro quadro.

2. Pianificazione dell'espansione:
   a) Definisci gli obiettivi di produzione.
   b) Valuta lo spazio disponibile per l'espansione.
   c) Considera i vincoli (budget, regolamenti locali, risorse idriche ed energetiche).

3. Progettazione del sistema scalato:
   a) Scegli il metodo di espansione:
      - Replicazione del sistema esistente.
      - Implementazione di un sistema più grande e integrato.
      - Combinazione di diversi metodi di coltivazione.
   b) Ottimizza il layout per massimizzare l'efficienza dello spazio.
   c) Progetta sistemi modulari per una facile espansione futura.

4. Potenziamento dell'infrastruttura:
   a) Sistema idrico:
      - Aumenta la capacità di stoccaggio dell'acqua.

- Implementa sistemi di filtraggio e sterilizzazione più potenti.
- Considera il riciclo e la raccolta dell'acqua piovana.

b) Sistema elettrico:
- Valuta la necessità di un upgrade dell'impianto elettrico.
- Considera l'implementazione di fonti energetiche rinnovabili.

c) Sistema di controllo ambientale:
- Installa sistemi HVAC più potenti.
- Implementa controlli automatizzati per temperatura e umidità.

5. Automazione e monitoraggio:
- Implementa un sistema di controllo centralizzato.
- Installa sensori avanzati per il monitoraggio in tempo reale.
- Sviluppa o acquista software di gestione per grandi produzioni.

6. Espansione graduale:
- Inizia con un'espansione del 25-50% della capacità attuale.
- Testa e ottimizza ogni nuova sezione prima di espandere ulteriormente.
- Forma il personale sulle nuove procedure e tecnologie.

7. Ottimizzazione della produzione:
- Implementa tecniche di coltivazione verticale per massimizzare lo spazio.
- Considera la specializzazione in colture ad alto valore o nicchia.
- Sviluppa un piano di rotazione delle colture su larga scala.

8. Gestione della logistica:
- Ottimizza i flussi di lavoro per la raccolta e il post-raccolta.
- Implementa sistemi di tracciabilità per la sicurezza alimentare.
- Sviluppa strategie di conservazione e distribuzione efficienti.

Consigli pratici:
- Mantieni una riserva finanziaria per imprevisti durante l'espansione.
- Collabora con esperti in vari settori (idraulica, elettronica, agronomia).
- Resta aggiornato sulle ultime innovazioni nel settore idroponico.

Risoluzione dei problemi comuni:

1. Problema: Disomogeneità nella crescita delle piante
Soluzione:
- Verifica e ottimizza la distribuzione dei nutrienti e dell'acqua.
- Implementa zone di controllo climatico separate per diverse colture.
- Utilizza sensori distribuiti per identificare e correggere le variazioni.

2. Problema: Aumento dei costi energetici
Soluzione:
- Investi in tecnologie ad alta efficienza energetica.
- Implementa sistemi di energia rinnovabile (solare, eolico).
- Ottimizza i cicli di illuminazione e pompaggio.

3. Problema: Gestione complessa dei nutrienti su larga scala
Soluzione:
- Implementa sistemi di dosaggio automatico con feedback in tempo reale.
- Utilizza soluzioni madre concentrate per una miscelazione più precisa.
- Considera l'uso di sistemi di fertirrigazione computerizzati.

4. Problema: Diffusione rapida di malattie
Soluzione:
- Implementa rigidi protocolli di biosicurezza.
- Utilizza sistemi di quarantena per nuove piante.
- Considera l'uso di trattamenti preventivi biologici su larga scala.

5. Problema: Difficoltà nella gestione del personale
Soluzione:
- Sviluppa programmi di formazione completi per il personale.
- Implementa sistemi di gestione delle attività e di reporting.
- Considera l'automazione per compiti ripetitivi e ad alta precisione.

6. Problema: Fluttuazioni nella qualità del prodotto
Soluzione:
- Implementa controlli di qualità rigorosi in ogni fase della produzione.
- Standardizza i processi attraverso procedure operative standard (SOP).
- Utilizza tecnologie di imaging per il monitoraggio non invasivo della crescita.

7. Problema: Gestione dei rifiuti su larga scala
Soluzione:
- Implementa sistemi di compostaggio per i rifiuti organici.
- Considera il riciclo dei substrati di coltivazione.
- Esplora partnership per l'utilizzo dei sottoprodotti (es. biogas).

Ricorda, scalare un sistema idroponico richiede pazienza, pianificazione attenta e una gestione oculata delle risorse. È importante mantenere un approccio flessibile e essere pronti ad adattarsi alle sfide che emergono con l'aumento di scala. Con una strategia ben ponderata e un'implementazione graduale, potrai trasformare con successo il tuo sistema in una produzione idroponica su larga scala efficiente e redditizia. Buona espansione!

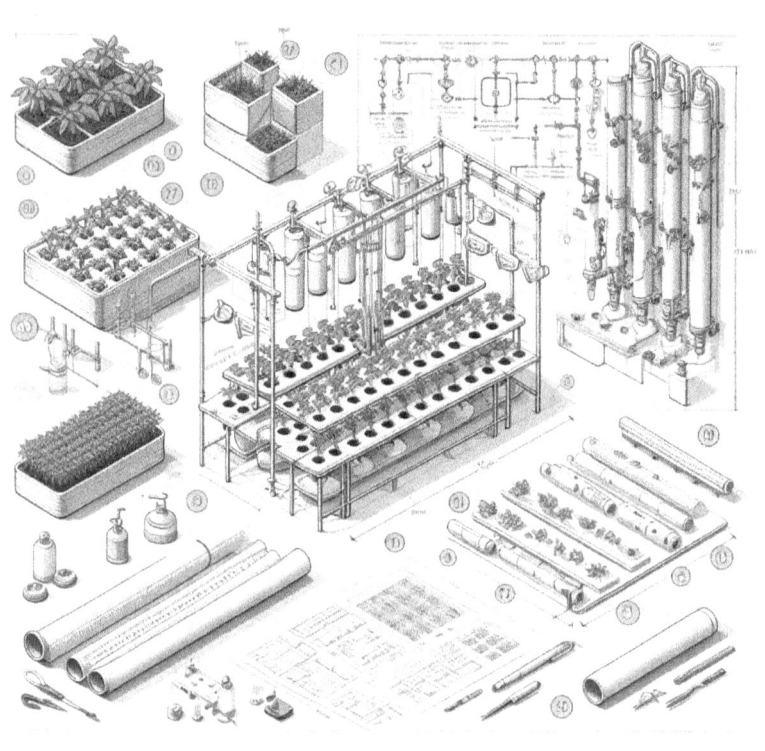

Capitolo 13
Aspetti legali e sicurezza

Regolamenti locali sulla coltivazione indoor

CLa coltivazione idroponica indoor, sebbene innovativa ed efficiente, deve rispettare una serie di normative e regolamenti locali per garantire la sicurezza e la legalità dell'operazione.

Processo passo-passo per la conformità legale:

1. Ricerca preliminare:
   a) Consulta il piano regolatore comunale.
   b) Verifica le normative regionali sull'agricoltura urbana.
   c) Controlla eventuali restrizioni condominiali o di quartiere.

2. Contatto con le autorità locali:
   a) Ufficio tecnico comunale per informazioni su permessi edilizi.
   b) Ufficio igiene e sanità per norme sulla produzione alimentare.
   c) Vigili del fuoco per requisiti di sicurezza antincendio.

3. Valutazione dei permessi necessari:
   a) Permesso di costruzione/ristrutturazione (se necessario).
   b) Licenza per attività agricola (se a scopo commerciale).
   c) Certificazioni di sicurezza elettrica e idraulica.

4. Conformità alle norme di sicurezza:
a) Impianto elettrico a norma e certificato.
b) Sistema di ventilazione adeguato.
c) Misure antincendio (estintori, uscite di sicurezza).

5. Gestione dell'impatto ambientale:
a) Controllo del rumore (per pompe e ventilatori).
b) Gestione dei rifiuti e del riciclo dell'acqua.
c) Efficienza energetica dell'impianto.

6. Sicurezza alimentare (per produzioni commerciali):
a) Registrazione presso l'ASL locale.
b) Implementazione del sistema HACCP.
c) Tracciabilità dei prodotti.

7. Assicurazione e responsabilità:
a) Stipula di un'assicurazione per danni a terzi.
b) Copertura per danni da allagamento o incendio.

8. Documentazione e registrazione:
a) Mantenimento di un registro delle attività.
b) Conservazione di tutte le certificazioni e i permessi.
c) Aggiornamento regolare della documentazione.

Consigli pratici:
- Consulta un avvocato specializzato in diritto agricolo/urbano.
- Unisciti a associazioni di coltivatori idroponici per supporto e informazioni.
- Mantieni buoni rapporti con i vicini, informandoli del tuo progetto.

Risoluzione dei problemi comuni:

1. Problema: Opposizione dei vicini
Soluzione:
- Organizza incontri informativi per spiegare il progetto.
- Offri tour della struttura per dimostrare la sicurezza e la pulizia.
- Considera di condividere parte della produzione con la comunità.

2. Problema: Difficoltà nell'ottenere permessi
Soluzione:
- Prepara una presentazione dettagliata del progetto per le autorità.
- Dimostra i benefici per la comunità (es. produzione locale, educazione).
- Considera di modificare il progetto per adattarlo alle normative esistenti.

3. Problema: Consumi energetici eccessivi
Soluzione:
- Implementa tecnologie ad alta efficienza energetica.
- Considera l'installazione di pannelli solari.
- Ottimizza i cicli di illuminazione e pompaggio.

4. Problema: Preoccupazioni sulla sicurezza alimentare
Soluzione:
- Implementa rigorosi protocolli di igiene e sicurezza.
- Invita ispettori sanitari per verifiche regolari.
- Offri trasparenza sulla tua produzione attraverso etichettature dettagliate.

5. Problema: Gestione dei rifiuti
Soluzione:
- Implementa un sistema di compostaggio per i rifiuti organici.
- Collabora con aziende locali per il riciclo di materiali plastici.
- Utilizza sistemi di filtrazione per minimizzare lo scarico di acqua.

6. Problema: Rumore eccessivo
Soluzione:
- Installa isolamento acustico intorno alle attrezzature rumorose.
- Utilizza pompe e ventilatori a bassa rumorosità.
- Programma le operazioni rumorose in orari non sensibili.

7. Problema: Cambiamenti nelle normative
Soluzione:
- Mantieni un dialogo aperto con le autorità locali.
- Partecipa attivamente alle riunioni comunali sul tema.
- Sii pronto ad adattare il tuo sistema alle nuove normative.

Ricorda, la conformità legale e la sicurezza sono fondamentali per il successo a lungo termine di un progetto di coltivazione idroponica indoor. Essere proattivi nell'affrontare questi aspetti non solo ti protegge legalmente, ma può anche migliorare la percezione e l'accettazione della tua attività nella comunità. Mantieni sempre un approccio trasparente e collaborativo con le autorità e i vicini, e sii pronto ad adattarti alle evoluzioni normative. Con una gestione attenta degli aspetti legali e di sicurezza, potrai concentrarti serenamente sulla crescita e l'innovazione del tuo sistema idroponico. Buona coltivazione, in sicurezza e legalità!

Sicurezza elettrica e prevenzione delle perdite d'acqua

La sicurezza elettrica e la prevenzione delle perdite d'acqua sono aspetti critici nella gestione di un sistema idroponico. Una corretta implementazione di queste misure protegge non solo il tuo investimento, ma anche la tua sicurezza personale.

Processo passo-passo per garantire sicurezza elettrica e prevenire perdite:

1. Sicurezza elettrica:

a) Valutazione dell'impianto:
   - Verifica che l'impianto elettrico sia adeguato al carico del sistema idroponico.
   - Assicurati che sia presente un interruttore differenziale (salvavita).

b) Installazione corretta:
   - Usa cavi e prese resistenti all'acqua (grado di protezione IP65 o superiore).
   - Installa tutti i componenti elettrici almeno 30 cm sopra il livello dell'acqua.
   - Utilizza canaline per proteggere i cavi da danni e umidità.

c) Messa a terra:
   - Assicurati che tutti i dispositivi elettrici siano correttamente messi a terra.
   - Verifica regolarmente l'efficacia della messa a terra.

d) Separazione dei circuiti:
   - Usa circuiti separati per pompe, luci e sistemi di controllo.

- Installa interruttori individuali per ogni componente principale.

e) Protezione da sovratensioni:
- Installa dispositivi di protezione da sovratensioni su tutti i circuiti principali.

2. Prevenzione delle perdite d'acqua:

a) Scelta dei materiali:
- Utilizza tubi e raccordi di alta qualità, specifici per uso idroponico.
- Opta per serbatoi robusti con pareti spesse.

b) Installazione accurata:
- Assicura tutti i collegamenti con fascette o sigillanti appropriati.
- Usa guarnizioni di gomma in tutti i punti di giunzione.
- Installa valvole di non ritorno per prevenire il riflusso.

c) Sistema di rilevamento perdite:
- Installa sensori di umidità sul pavimento intorno al sistema.
- Utilizza galleggianti nei serbatoi per monitorare i livelli d'acqua.

d) Contenimento secondario:
- Posiziona vassoi di raccolta sotto serbatoi e componenti critici.
- Crea barriere impermeabili intorno all'area di coltivazione.

e) Manutenzione preventiva:
- Ispeziona regolarmente tubi e collegamenti per segni di usura.

- Sostituisci componenti deteriorati prima che si verifichino perdite.

3. Formazione e procedure:
- Crea un manuale di sicurezza specifico per il tuo sistema.
- Forma tutti gli operatori sulle procedure di sicurezza e emergenza.
- Affiggi cartelli di avvertimento e istruzioni di sicurezza in punti visibili.

Consigli pratici:
- Tieni a portata di mano un kit di riparazione rapida per perdite.
- Usa coloranti alimentari nell'acqua per rilevare più facilmente piccole perdite.
- Implementa un sistema di allarme per avvisi immediati in caso di problemi.

Risoluzione dei problemi comuni:

1. Problema: Scattamento frequente dell'interruttore differenziale
Soluzione:
- Verifica la presenza di umidità nei collegamenti elettrici.
- Controlla l'isolamento di tutti i dispositivi elettrici.
- Considera di aumentare la potenza dell'impianto se sovraccarico.

2. Problema: Piccole perdite persistenti
Soluzione:
- Usa nastro sigillante in Teflon su tutte le connessioni filettate.
- Applica sigillante siliconico per idroponica nei punti critici.
- Sostituisci le guarnizioni deteriorate.

3. Problema: Corrosione dei componenti elettrici
Soluzione:
- Usa spray protettivi anti-corrosione sui contatti elettrici.
- Migliora la ventilazione per ridurre l'umidità nell'ambiente.
- Sostituisci i componenti con versioni più resistenti alla corrosione.

4. Problema: Fluttuazioni di voltaggio
Soluzione:
- Installa stabilizzatori di tensione sui circuiti principali.
- Verifica che non ci siano sovraccarichi sul sistema elettrico.
- Considera l'installazione di un gruppo di continuità (UPS) per componenti critici.

5. Problema: Perdite nei punti di giunzione dei tubi
Soluzione:
- Utilizza giunti a compressione invece di quelli a incollaggio.
- Applica fascette di sicurezza aggiuntive su ogni giunzione.
- Considera l'uso di tubi flessibili in punti soggetti a movimento.

6. Problema: Danni da roditori ai cavi elettrici
Soluzione:
- Usa canaline metalliche per proteggere i cavi.
- Implementa misure di controllo dei roditori nell'area.
- Utilizza cavi con rivestimento resistente ai morsi.

7. Problema: Accumulo di umidità nei quadri elettrici
Soluzione:
- Installa deumidificatori all'interno dei quadri elettrici.
- Usa sacchetti di gel di silice per assorbire l'umidità.
- Assicurati che i quadri siano sigillati correttamente.

Ricorda, la sicurezza elettrica e la prevenzione delle perdite d'acqua sono aspetti fondamentali che richiedono attenzione costante. Effettua ispezioni regolari, mantieni un atteggiamento proattivo nella manutenzione e non esitare a consultare professionisti per problemi complessi. Con le giuste precauzioni, puoi creare un ambiente di coltivazione sicuro ed efficiente. Buona coltivazione in sicurezza!

Utilizzo sicuro dei nutrienti e dei prodotti per la cura delle piante

L'uso corretto e sicuro dei nutrienti e dei prodotti per la cura delle piante è fondamentale per la salute delle colture, dell'ambiente e degli operatori in un sistema idroponico.

Processo passo-passo per un utilizzo sicuro:

1. Scelta dei prodotti:
   a) Seleziona nutrienti specifici per idroponica.
   b) Opta per prodotti biologici quando possibile.
   c) Verifica la compatibilità con il tuo sistema e le tue colture.

2. Stoccaggio sicuro:
   a) Conserva i prodotti in un luogo fresco, asciutto e ben ventilato.
   b) Tieni i prodotti lontano dalla luce diretta del sole.
   c) Utilizza armadi chiusi a chiave per prodotti potenzialmente pericolosi.
   d) Mantieni i prodotti nei loro contenitori originali con etichette intatte.

3. Preparazione della soluzione nutritiva:
   a) Indossa dispositivi di protezione individuale (DPI):
   - Guanti in nitrile
   - Occhiali protettivi
   - Mascherina (se si maneggiano polveri)
   b) Usa acqua pulita e a temperatura ambiente.
   c) Segui attentamente le istruzioni di dosaggio del produttore.
   d) Mescola i nutrienti in ordine corretto per evitare precipitazioni.

4. Applicazione sicura:
a) Calibra regolarmente gli strumenti di misurazione (pH-metro, EC-metro).
b) Applica i nutrienti nelle dosi e nei tempi raccomandati.
c) Evita di spruzzare o nebulizzare prodotti in presenza di altri operatori.
d) Lava accuratamente mani e attrezzature dopo l'uso.

5. Monitoraggio e ajustamento:
a) Controlla regolarmente pH ed EC della soluzione nutritiva.
b) Osserva attentamente le piante per segni di carenze o eccessi.
c) Ajusta la composizione della soluzione in base alle esigenze delle piante.

6. Gestione dei rifiuti:
a) Smaltisci le soluzioni nutritive esauste secondo le normative locali.
b) Ricicla i contenitori vuoti seguendo le istruzioni del produttore.
c) Non scaricare mai prodotti chimici concentrati nelle fognature.

7. Formazione e documentazione:
a) Forma tutti gli operatori sulle procedure di sicurezza.
b) Mantieni schede di sicurezza (SDS) per tutti i prodotti utilizzati.
c) Documenta tutte le applicazioni di nutrienti e trattamenti.

Consigli pratici:
- Crea una stazione di miscelazione dedicata con superfici facili da pulire.
- Usa contenitori trasparenti graduati per una misurazione precisa.

- Implementa un sistema di rotazione del magazzino (primo entrato, primo uscito).

Risoluzione dei problemi comuni:

1. Problema: Precipitazione dei nutrienti nella soluzione
Soluzione:
- Verifica l'ordine corretto di miscelazione dei nutrienti.
- Controlla la compatibilità dei prodotti utilizzati.
- Considera l'uso di agenti chelanti per prevenire la precipitazione.

2. Problema: Bruciature sulle foglie dopo l'applicazione
Soluzione:
- Riduci la concentrazione della soluzione nutritiva.
- Evita di applicare nutrienti sotto forte luce solare.
- Sciacqua le foglie con acqua pulita dopo l'applicazione fogliare.

3. Problema: Odori sgradevoli dalla soluzione nutritiva
Soluzione:
- Verifica la freschezza dei nutrienti utilizzati.
- Aumenta l'ossigenazione della soluzione.
- Considera l'uso di probiotici per mantenere l'equilibrio microbico.

4. Problema: Fluttuazioni rapide di pH
Soluzione:
- Usa un tampone pH per stabilizzare la soluzione.
- Verifica la qualità dell'acqua di base.
- Ajusta più frequentemente ma con piccole dosi.

5. Problema: Accumulo di sali nel substrato
Soluzione:
- Effettua regolarmente il "flushing" del sistema con acqua pura.
- Monitora e mantieni l'EC della soluzione a livelli appropriati.
- Considera l'uso di substrati con migliore capacità di drenaggio.

6. Problema: Reazioni allergiche degli operatori
Soluzione:
- Implementa l'uso obbligatorio di DPI adeguati.
- Migliora la ventilazione nell'area di miscelazione.
- Considera l'uso di prodotti ipoallergenici quando possibile.

7. Problema: Contaminazione crociata tra soluzioni
Soluzione:
- Usa attrezzature separate per diversi tipi di nutrienti.
- Implementa un sistema di codifica colore per diverse soluzioni.
- Pulisci accuratamente tutti gli strumenti tra un uso e l'altro.

Ricorda, l'utilizzo sicuro dei nutrienti e dei prodotti per la cura delle piante richiede attenzione costante e rispetto delle procedure. La sicurezza deve sempre essere la priorità principale. Con una gestione attenta e responsabile, puoi creare un ambiente di coltivazione sicuro, efficiente e produttivo. Non esitare a consultare esperti o le schede tecniche dei prodotti per informazioni specifiche. Buona coltivazione in sicurezza!

Capitolo 14
Risorse e comunità

Fornitori affidabili di attrezzature idroponiche

Trovare fornitori affidabili è fondamentale per il successo del tuo progetto idroponico. Ecco come procedere per identificare e selezionare i migliori fornitori:

Processo passo-passo:

1. Ricerca iniziale:
   a) Online:
      - Utilizza motori di ricerca con parole chiave specifiche.
      - Consulta forum e gruppi di discussione sull'idroponica.
   b) Offline:
      - Visita fiere e eventi del settore agricolo.
      - Chiedi consigli a negozi di giardinaggio specializzati.

2. Creazione di una lista di potenziali fornitori:
   - Annota nome, sito web, contatti e gamma di prodotti offerti.
   - Categorizza i fornitori per tipo di attrezzatura (es. sistemi completi, nutrienti, illuminazione).

3. Valutazione preliminare:
   a) Verifica la presenza online:
      - Sito web professionale e aggiornato.
      - Presenza sui social media e interazione con i clienti.
   b) Controlla le recensioni:
      - Leggi feedback su siti indipendenti.
      - Cerca testimonianze di altri coltivatori idroponici.

4. Contatto diretto:
a) Prepara una lista di domande specifiche sui tuoi bisogni.
b) Contatta i fornitori via email o telefono.
c) Valuta la loro conoscenza del prodotto e disponibilità a fornire supporto.

5. Richiesta di preventivi:
- Chiedi preventivi dettagliati a più fornitori.
- Confronta non solo i prezzi, ma anche qualità, garanzie e servizio post-vendita.

6. Verifica della qualità:
a) Richiedi campioni quando possibile.
b) Verifica le certificazioni dei prodotti (es. CE, RoHS per l'elettronica).
c) Controlla la conformità alle normative locali.

7. Valutazione del servizio clienti:
- Testa la reattività del servizio clienti con domande tecniche.
- Informati sulle politiche di reso e garanzia.

8. Decisione finale:
- Crea una tabella comparativa con tutti i fattori importanti.
- Pondera prezzo, qualità, affidabilità e supporto.

9. Costruzione di una relazione a lungo termine:
- Inizia con un ordine piccolo per testare il servizio.
- Fornisci feedback costruttivi al fornitore.
- Mantieni una comunicazione regolare per restare aggiornato sulle novità.

Consigli pratici:
- Preferisci fornitori specializzati in idroponica piuttosto che generalisti.
- Considera la localizzazione del fornitore per tempi di consegna e costi di spedizione.
- Verifica la disponibilità di pezzi di ricambio e supporto tecnico a lungo termine.

Risoluzione dei problemi comuni:

1. Problema: Difficoltà nel trovare fornitori locali
Soluzione:
- Esplora opzioni di dropshipping da fornitori internazionali affidabili.
- Considera di unire gli ordini con altri coltivatori locali per ridurre i costi.
- Contatta distributori nazionali per informazioni su rivenditori nella tua area.

2. Problema: Prezzi elevati rispetto agli acquisti online generici
Soluzione:
- Valuta il costo totale, includendo supporto e garanzia.
- Negozia sconti per ordini più grandi o acquisti regolari.
- Considera l'adesione a programmi fedeltà o gruppi d'acquisto.

3. Problema: Prodotti non conformi alle aspettative
Soluzione:
- Documenta accuratamente il problema con foto e descrizioni.
- Contatta immediatamente il servizio clienti del fornitore.
- Utilizza le politiche di reso e garanzia se necessario.

4. Problema: Lunghi tempi di consegna
Soluzione:
- Pianifica gli ordini in anticipo, considerando i tempi di consegna.
- Chiedi opzioni di spedizione prioritaria per ordini urgenti.
- Mantieni uno stock minimo di componenti essenziali.

5. Problema: Mancanza di supporto tecnico adeguato
Soluzione:
- Cerca forum online o gruppi Facebook dedicati per supporto dalla comunità.
- Considera di cambiare fornitore se il problema persiste.
- Investi nella formazione personale per ridurre la dipendenza dal supporto esterno.

6. Problema: Incompatibilità tra componenti di diversi fornitori
Soluzione:
- Richiedi sempre specifiche tecniche dettagliate prima dell'acquisto.
- Preferisci sistemi modulari con standard comuni.
- Considera l'acquisto di adattatori o la modifica di componenti se necessario.

7. Problema: Fluttuazioni di prezzo frequenti
Soluzione:
- Monitora i prezzi nel tempo e acquista durante le promozioni.
- Chiedi al fornitore la possibilità di bloccare i prezzi per ordini futuri.
- Diversifica i fornitori per avere alternative in caso di aumenti eccessivi.

Ricorda, trovare fornitori affidabili richiede tempo e ricerca, ma è un investimento fondamentale per il successo del tuo progetto idroponico. Non esitare a chiedere referenze e a testare i fornitori con piccoli ordini prima di impegnarti in acquisti più significativi. Con il tempo, costruirai relazioni solide con fornitori affidabili che supporteranno la crescita e il successo del tuo sistema idroponico. Buona ricerca e buoni acquisti!

Forum online e gruppi di supporto

I forum online e i gruppi di supporto sono risorse preziose per i coltivatori idroponici, offrendo una piattaforma per scambiare conoscenze, risolvere problemi e rimanere aggiornati sulle ultime tendenze.

Processo passo-passo per l'utilizzo efficace:

1. Ricerca delle piattaforme:
   a) Forum specializzati:
   - Cerca "forum idroponica" su motori di ricerca.
   - Esplora sezioni dedicate su forum di giardinaggio più ampi.
   b) Gruppi Facebook:
   - Usa la funzione di ricerca di Facebook per "gruppi idroponica".
   c) Subreddit:
   - Visita r/hydro, r/hydroponics su Reddit.
   d) Discord:
   - Cerca server Discord dedicati all'idroponica.

2. Valutazione delle comunità:
   - Osserva il numero di membri e la frequenza dei post.
   - Leggi le regole e le linee guida della comunità.
   - Valuta la qualità delle discussioni e l'atteggiamento dei membri.

3. Creazione di un profilo:
   - Usa un nome utente riconoscibile e professionale.
   - Compila il profilo con informazioni rilevanti sul tuo progetto idroponico.
   - Aggiungi una foto o un avatar appropriato.

4. Periodo di osservazione:
- Trascorri del tempo leggendo discussioni passate.
- Familiarizza con i membri più attivi e esperti.
- Prendi nota degli argomenti più discussi e delle soluzioni comuni.

5. Partecipazione attiva:
a) Inizia con domande ben formulate:
- Fornisci dettagli sufficienti sul tuo sistema e il problema.
- Usa titoli chiari e descrittivi.
b) Rispondi alle domande di altri quando possibile:
- Condividi la tua esperienza in modo costruttivo.
- Fornisci fonti per le tue affermazioni quando possibile.

6. Costruzione di relazioni:
- Interagisci regolarmente con altri membri.
- Offri e chiedi feedback sui progetti.
- Partecipa a sfide o concorsi della comunità, se presenti.

7. Condivisione di conoscenze:
- Crea post dettagliati sui tuoi successi e fallimenti.
- Condividi foto e video del tuo sistema.
- Scrivi tutorial su tecniche che hai padroneggiato.

8. Mantenimento dell'aggiornamento:
- Attiva le notifiche per discussioni interessanti.
- Partecipa regolarmente per rimanere al passo con le novità.

Consigli pratici:
- Usa una ricerca approfondita prima di porre domande già discusse.
- Sii rispettoso e aperto al feedback, anche se critico.
- Mantieni un atteggiamento costruttivo e positivo nelle discussioni.

Risoluzione dei problemi comuni:

1. Problema: Mancanza di risposte alle tue domande
Soluzione:
- Riformula la domanda in modo più chiaro e dettagliato.
- Posta in orari di maggiore attività del forum.
- Considera di offrire un "bounty" o una ricompensa per risposte utili.

2. Problema: Informazioni contrastanti da diversi utenti
Soluzione:
- Chiedi chiarimenti e fonti per le diverse opinioni.
- Confronta le risposte con la letteratura scientifica disponibile.
- Testa personalmente le diverse soluzioni su piccola scala.

3. Problema: Trolling o comportamenti negativi
Soluzione:
- Ignora i provocatori e non alimentare conflitti.
- Segnala comportamenti inappropriati ai moderatori.
- Concentrati sulle interazioni positive e costruttive.

4. Problema: Sovraccarico di informazioni
Soluzione:
- Organizza le informazioni in un documento personale.
- Usa tag o categorie per classificare i post salvati.
- Concentrati su un argomento alla volta per evitare confusione.

5. Problema: Difficoltà nel trovare informazioni specifiche
Soluzione:
- Utilizza le funzioni di ricerca avanzata del forum.
- Chiedi ai membri di lunga data per post o discussioni archiviate.

- Crea un post chiedendo specificamente risorse su un tema.

6. Problema: Senso di inadeguatezza rispetto a coltivatori più esperti
Soluzione:
- Ricorda che tutti hanno iniziato da principianti.
- Condividi apertamente i tuoi dubbi e la tua esperienza di apprendimento.
- Celebra i piccoli successi e impara dagli errori.

7. Problema: Dipendenza eccessiva dal forum per la risoluzione dei problemi
Soluzione:
- Usa il forum come supporto, non come unica fonte di informazioni.
- Sviluppa competenze di risoluzione dei problemi indipendente.
- Documenta le soluzioni per riferimenti futuri.

Ricorda, i forum online e i gruppi di supporto sono strumenti potenti per l'apprendimento e la crescita nella coltivazione idroponica. Partecipando attivamente e contribuendo alla comunità, non solo migliorerai le tue competenze, ma creerai anche connessioni preziose con altri appassionati. Mantieni sempre un atteggiamento aperto all'apprendimento e alla condivisione, e vedrai il tuo progetto idroponico fiorire grazie al supporto della comunità. Buona partecipazione e buona coltivazione!

Corsi e workshop sull'idroponica

Partecipare a corsi e workshop sull'idroponica è un ottimo modo per acquisire conoscenze approfondite, competenze pratiche e networking nel settore. Ecco come trovare e sfruttare al meglio queste opportunità formative:

Processo passo-passo per partecipare a corsi e workshop:

1. Ricerca delle opportunità formative:
   a) Online:
   - Cerca "corsi idroponica" o "workshop idroponica" su motori di ricerca.
   - Esplora piattaforme di e-learning come Udemy, Coursera, edX.

   b) Offline:
   - Contatta università locali, scuole di agraria, centri di formazione professionale.
   - Visita fiere e eventi del settore agricolo per informazioni su workshop.

2. Valutazione dei corsi:
   - Leggi attentamente il programma e gli obiettivi formativi.
   - Verifica le credenziali degli istruttori.
   - Controlla recensioni e testimonianze di ex partecipanti.

3. Selezione del corso adatto:
   - Considera il tuo livello di esperienza (principiante, intermedio, avanzato).
   - Valuta il formato (online, in presenza, misto) in base alle tue esigenze.
   - Confronta costi, durata e certificazioni offerte.

4. Iscrizione e preparazione:
- Completa la procedura di iscrizione in anticipo.
- Prepara domande specifiche che vorresti vedere affrontate.
- Raccogli informazioni sul tuo sistema attuale o progetto futuro.

5. Partecipazione attiva:
- Prendi appunti dettagliati durante le lezioni.
- Partecipa attivamente alle discussioni e alle sessioni di domande e risposte.
- Sfrutta al massimo le esercitazioni pratiche, se presenti.

6. Networking:
- Scambia contatti con altri partecipanti e istruttori.
- Partecipa a eventuali gruppi online creati per il corso.
- Condividi le tue esperienze e ascolta quelle degli altri.

7. Applicazione pratica:
- Implementa immediatamente le nuove conoscenze nel tuo sistema.
- Documenta i risultati dell'applicazione delle nuove tecniche.
- Mantieni il contatto con gli istruttori per eventuali follow-up.

8. Continua formazione:
- Cerca opportunità di corsi avanzati o specializzati.
- Considera di partecipare a conferenze o seminari del settore.
- Esplora la possibilità di diventare tu stesso un formatore o mentor.

Consigli pratici:
- Prepara una lista di obiettivi di apprendimento prima del corso.

- Porta con te strumenti per prendere appunti (tablet, quaderno, penna).
- Se possibile, visita sistemi idroponici operativi come parte del corso.

Risoluzione dei problemi comuni:

1. Problema: Difficoltà nel trovare corsi nella tua area
Soluzione:
- Cerca corsi online con sessioni pratiche virtuali.
- Proponi a un esperto locale di organizzare un workshop.
- Considera di viaggiare per partecipare a corsi in altre città.

2. Problema: Costi elevati dei corsi
Soluzione:
- Cerca borse di studio o sconti per studenti/gruppi.
- Proponi uno scambio di competenze con l'organizzatore.
- Organizza un gruppo di interesse locale per dividere i costi di un formatore.

3. Problema: Contenuti del corso troppo base o troppo avanzati
Soluzione:
- Comunica le tue esigenze specifiche all'istruttore prima del corso.
- Chiedi materiali supplementari per approfondire o recuperare.
- Proponi un percorso personalizzato o tutoraggio individuale.

4. Problema: Difficoltà nell'applicare le conoscenze al proprio sistema
Soluzione:
- Chiedi esempi specifici durante il corso.

- Proponi il tuo caso come studio durante le sessioni pratiche.
- Organizza una sessione di consulenza post-corso con l'istruttore.

5. Problema: Mancanza di tempo per partecipare a corsi lunghi
Soluzione:
- Cerca workshop intensivi di un giorno o fine settimana.
- Opta per corsi online con lezioni registrate da seguire al tuo ritmo.
- Proponi al tuo datore di lavoro di includere la formazione come sviluppo professionale.

6. Problema: Barriera linguistica in corsi internazionali
Soluzione:
- Cerca corsi con sottotitoli o traduzioni simultanee.
- Proponi all'organizzatore di fornire materiali tradotti.
- Partecipa con un collega che possa aiutare con la traduzione.

7. Problema: Perdita di motivazione dopo il corso
Soluzione:
- Fissa obiettivi concreti da raggiungere post-corso.
- Unisciti a un gruppo di studio o pratica con altri partecipanti.
- Programma check-in regolari con l'istruttore o i compagni di corso.

Ricorda, i corsi e i workshop sono investimenti preziosi nella tua formazione come coltivatore idroponico. Approcciali con mentalità aperta e desiderio di apprendere. Non esitare a fare domande, condividere le tue esperienze e creare connessioni durature con altri appassionati e professionisti del settore. Con la giusta formazione e pratica continua, potrai elevare significativamente le tue competenze e il successo dei tuoi progetti idroponici. Buon apprendimento e buona coltivazione!

Conclusione

Siamo giunti al termine di questo viaggio attraverso il meraviglioso mondo della coltivazione idroponica. Attraverso le pagine di questo libro, abbiamo esplorato insieme i fondamenti, le tecniche avanzate e le innovazioni che rendono l'idroponica una delle frontiere più entusiasmanti dell'agricoltura moderna.

Dall'installazione del vostro primo sistema alla gestione di progetti su larga scala, dalla scelta dei nutrienti all'automazione avanzata, abbiamo cercato di fornirvi gli strumenti e le conoscenze necessarie per intraprendere e perfezionare il vostro percorso nell'idroponica. Ricordate sempre che ogni sfida incontrata è un'opportunità di apprendimento e crescita.

L'idroponica non è solo una tecnica di coltivazione, ma una filosofia che abbraccia l'innovazione, la sostenibilità e l'efficienza. Mentre proseguite nel vostro cammino, vi incoraggiamo a sperimentare, a condividere le vostre esperienze con la comunità e a rimanere sempre curiosi e aperti alle nuove possibilità che questa tecnologia offre.

Che stiate coltivando erbe aromatiche sul vostro balcone o gestendo una fattoria verticale urbana, ricordate che state contribuendo a plasmare il futuro dell'agricoltura. La vostra passione e dedizione sono i semi da cui germoglieranno le soluzioni per un mondo più verde e sostenibile.

Mentre chiudete questo libro, speriamo che vi sentiate ispirati e equipaggiati per affrontare le sfide e cogliere le opportunità che l'idroponica presenta. Il vostro viaggio nell'idroponica è appena iniziato, e le possibilità sono infinite come la vostra immaginazione.

Buona coltivazione, e che i vostri raccolti siano sempre abbondanti e rigogliosi!

Appendici

Glossario dei termini idroponici

Aeroponica: Tecnica di coltivazione in cui le radici delle piante sono sospese in aria e nebulizzate periodicamente con una soluzione nutritiva.

Argilla espansa: Substrato leggero e poroso utilizzato in sistemi idroponici per supportare le radici delle piante.

Biofiltro: Sistema che utilizza microrganismi per purificare l'acqua in sistemi idroponici o acquaponici.

Conducibilità Elettrica (EC): Misura della concentrazione di ioni disciolti nella soluzione nutritiva, utilizzata per valutare la forza dei nutrienti.

DWC (Deep Water Culture): Sistema idroponico in cui le radici delle piante sono immerse direttamente nella soluzione nutritiva ossigenata.

Fertirrigazione: Tecnica di fornire nutrienti alle piante attraverso il sistema di irrigazione.

Fotoperiodo: Durata dell'esposizione giornaliera delle piante alla luce, naturale o artificiale.

Idroponica: Metodo di coltivazione delle piante senza l'uso di terreno, utilizzando soluzioni nutritive in acqua.

Lana di roccia: Substrato inerte utilizzato in idroponica, prodotto dalla fusione di rocce vulcaniche.

Macro-nutrienti: Elementi nutritivi richiesti dalle piante in grandi quantità (es. azoto, fosforo, potassio).

Micro-nutrienti: Elementi nutritivi richiesti dalle piante in piccole quantità (es. ferro, manganese, zinco).

NFT (Nutrient Film Technique): Sistema idroponico in cui un sottile film di soluzione nutritiva scorre costantemente sulle radici delle piante.

Ossigenazione: Processo di aggiunta di ossigeno alla soluzione nutritiva per favorire la salute delle radici.

pH: Misura dell'acidità o alcalinità della soluzione nutritiva, cruciale per l'assorbimento dei nutrienti.

PPM (Parti Per Milione): Unità di misura della concentrazione di nutrienti nella soluzione.

Substrato: Materiale che sostituisce il terreno in sistemi idroponici, fornendo supporto alle radici.

Soluzione madre: Soluzione concentrata di nutrienti da diluire prima dell'uso nel sistema idroponico.

Sistema a flusso e riflusso: Metodo idroponico in cui la soluzione nutritiva inonda periodicamente il substrato e poi viene drenata.

Sistema a goccia: Tecnica di irrigazione che fornisce acqua e nutrienti direttamente alla base di ogni pianta.

Vertical Farming: Pratica di coltivare colture in strati verticalmente sovrapposti, spesso utilizzando tecniche idroponiche.

Tabelle di riferimento per nutrienti e pH

Tabella 1: Range di pH ottimale per l'assorbimento dei nutrienti

Nutriente	Range di pH ottimale
Azoto (N)	5.5 - 7.0
Fosforo (P)	5.5 - 6.5
Potassio (K)	6.0 - 7.5
Calcio (Ca)	6.5 - 8.5
Magnesio (Mg)	6.0 - 8.5
Zolfo (S)	5.5 - 7.0
Ferro (Fe)	4.0 - 6.5
Manganese (Mn)	5.0 - 6.5
Boro (B)	5.0 - 7.0
Rame (Cu)	5.5 - 7.0
Zinco (Zn)	5.0 - 7.0

Tabella 2: Concentrazioni tipiche di nutrienti nella soluzione idroponica

Nutriente	Concentrazione (ppm)
Azoto (N)	150 - 250
Fosforo (P)	30 - 50
Potassio (K)	150 - 300
Calcio (Ca)	150 - 300
Magnesio (Mg)	40 - 80
Zolfo (S)	50 - 100
Ferro (Fe)	2 - 5
Manganese (Mn)	0.5 - 1
Boro (B)	0.3 - 0.6

Rame (Cu)	0.05 - 0.1
Zinco (Zn)	0.05 - 0.1
Molibdeno (Mo)	0.01 - 0.05

Tabella 3: Valori di EC (Conducibilità Elettrica) consigliati per diverse fasi di crescita

Fase di crescita	EC (mS/cm)
Germinazione	0.8 - 1.2
Crescita vegetativa	1.2 - 2.0
Fioritura/Fruttificazione	1.8 - 2.4
Piante mature	2.0 - 3.0

Tabella 4: Regolazione del pH

Situazione	Azione consigliata
pH troppo alto	Aggiungere acido fosforico o nitrico
pH troppo basso	Aggiungere idrossido di potassio

Note importanti:
1. Questi valori sono indicativi e possono variare in base alla specie vegetale e alle condizioni ambientali.
2. Monitorare regolarmente pH ed EC della soluzione nutritiva e ajustarli secondo necessità.
3. Effettuare cambi completi della soluzione nutritiva ogni 2-3 settimane o quando l'EC diventa difficile da controllare.
4. Utilizzare sempre acqua di buona qualità per preparare la soluzione nutritiva.
5. Calibrare regolarmente gli strumenti di misurazione per garantire letture accurate.

Calendario di coltivazione per diverse verdure

Ecco un calendario di coltivazione indicativo per alcune delle verdure più comuni in sistemi idroponici. Ricorda che questi tempi possono variare leggermente in base alle condizioni specifiche del tuo sistema e alle varietà scelte.

1. Lattuga (ciclo breve)
   - Germinazione: 2-3 giorni
   - Dal trapianto alla raccolta: 30-45 giorni
   - Ciclo totale: 35-50 giorni

2. Spinaci
   - Germinazione: 5-7 giorni
   - Dal trapianto alla raccolta: 35-50 giorni
   - Ciclo totale: 40-60 giorni

3. Rucola
   - Germinazione: 2-3 giorni
   - Dal trapianto alla raccolta: 25-35 giorni
   - Ciclo totale: 30-40 giorni

4. Basilico
   - Germinazione: 5-7 giorni
   - Dal trapianto alla prima raccolta: 30-40 giorni
   - Raccolta continua per 3-4 mesi

5. Pomodori ciliegini
   - Germinazione: 5-10 giorni
   - Dal trapianto ai primi frutti: 60-80 giorni
   - Produzione continua per 4-6 mesi

6. Peperoni
- Germinazione: 8-12 giorni
- Dal trapianto ai primi frutti: 70-90 giorni
- Produzione continua per 3-4 mesi

7. Cetrioli
- Germinazione: 3-7 giorni
- Dal trapianto ai primi frutti: 50-70 giorni
- Produzione continua per 2-3 mesi

8. Fragole
- Dal trapianto ai primi frutti: 60-70 giorni
- Produzione continua per 4-6 mesi

9. Erbe aromatiche (prezzemolo, timo, menta)
- Germinazione: 7-14 giorni
- Dal trapianto alla prima raccolta: 40-60 giorni
- Raccolta continua per diversi mesi

10. Cavolo cinese (Pak Choi)
- Germinazione: 3-5 giorni
- Dal trapianto alla raccolta: 30-50 giorni
- Ciclo totale: 35-55 giorni

Note importanti:
- I tempi di germinazione possono essere ridotti utilizzando semi pre-germinati o tecniche di germinazione accelerata.
- La durata del ciclo può variare in base alle condizioni ambientali (temperatura, luce, nutrienti).
- Molte verdure a foglia possono essere raccolte più volte (cut-and-come-again), prolungando il periodo di produzione.
- Per una produzione continua, programma semine scaglionate ogni 2-3 settimane.

- Monitora attentamente la salute delle piante e ajusta i parametri di coltivazione secondo necessità.
- Alcune colture, come pomodori e peperoni, possono richiedere potatura e supporto aggiuntivo durante la crescita.
- Ricorda di ruotare le colture per prevenire l'accumulo di patogeni e l'esaurimento dei nutrienti specifici.

Questo calendario è un punto di partenza. Con l'esperienza, potrai affinare i tempi di coltivazione in base alle specifiche condizioni del tuo sistema idroponico e alle varietà che scegli di coltivare.

Schemi di montaggio per sistemi idroponici fai-da-te

Ecco alcuni schemi di montaggio semplificati per sistemi idroponici fai-da-te comuni. Questi schemi sono intesi come guida generale e possono essere adattati in base alle tue esigenze specifiche e ai materiali disponibili.

1. Sistema DWC (Deep Water Culture) base

Componenti:
- Contenitore opaco da 20-30 litri
- Coperchio per il contenitore
- Cestelli per piante (net pot)
- Pompa dell'aria
- Pietra porosa
- Tubo dell'aria

Schema di montaggio:
a) Fora il coperchio per inserire i cestelli (diametro adeguato ai net pot).
b) Fai un piccolo foro per il passaggio del tubo dell'aria.
c) Collega la pietra porosa al tubo dell'aria.
d) Inserisci il tubo nel foro del coperchio, posizionando la pietra sul fondo del contenitore.
e) Riempi il contenitore con la soluzione nutritiva.
f) Posiziona i net pot nei fori del coperchio.

2. Sistema NFT (Nutrient Film Technique) semplice

Componenti:
- Tubo in PVC da 10 cm di diametro, lunghezza 2 metri
- Tappi di chiusura per il tubo
- Serbatoio per la soluzione nutritiva (20-30 litri)

- Pompa sommergibile
- Tubo di ritorno

Schema di montaggio:
a) Fora il tubo PVC per creare fori per i net pot (distanza 20-25 cm).
b) Chiudi un'estremità del tubo con il tappo.
c) All'altra estremità, crea un foro per il tubo di ritorno.
d) Posiziona il tubo con una leggera pendenza (1-2%) verso il serbatoio.
e) Collega la pompa al tubo PVC per l'ingresso della soluzione.
f) Installa il tubo di ritorno dal PVC al serbatoio.

3. Sistema a colonna verticale

Componenti:
- Tubo in PVC da 15 cm di diametro, lunghezza 1,5 metri
- Tappo di chiusura per il fondo
- Serbatoio per la soluzione nutritiva
- Pompa sommergibile
- Tubo di irrigazione interno

Schema di montaggio:
a) Fora il tubo PVC creando fori sfalsati per i net pot (ogni 15-20 cm).
b) Chiudi il fondo del tubo con il tappo.
c) Inserisci il tubo di irrigazione al centro della colonna.
d) Collega la pompa al tubo di irrigazione.
e) Posiziona la colonna verticalmente sopra il serbatoio.
f) Fora il fondo per il drenaggio della soluzione in eccesso.

4. Sistema a goccia su scaffale

Componenti:
- Scaffale a più ripiani
- Vassoi di coltivazione per ogni ripiano
- Serbatoio per la soluzione nutritiva
- Pompa sommergibile
- Tubi di irrigazione con gocciolatori

Schema di montaggio:
a) Posiziona i vassoi di coltivazione sui ripiani dello scaffale.
b) Installa la pompa nel serbatoio della soluzione nutritiva.
c) Collega il tubo principale di irrigazione alla pompa.
d) Distribuisci tubi secondari con gocciolatori su ogni ripiano.
e) Assicurati che ogni vassoio abbia un sistema di drenaggio.
f) Collega i tubi di drenaggio per far ritornare la soluzione al serbatoio.

Note importanti:
- Assicurati sempre che tutti i collegamenti siano a tenuta stagna.
- Usa materiali sicuri per alimenti per tutti i componenti a contatto con l'acqua.
- Prevedi sempre un sistema di troppo pieno o di allarme per prevenire allagamenti.
- Testa il sistema con acqua pura prima di aggiungere piante e nutrienti.
- Considera l'aggiunta di un timer per automatizzare i cicli di irrigazione.
- Assicurati che il sistema sia ben bilanciato e stabile prima dell'uso.

Questi schemi forniscono una base per iniziare. Ricorda che la sperimentazione e l'adattamento alle tue esigenze specifiche sono parte integrante del processo di creazione di un sistema idroponico fai-da-te di successo.

www.ingramcontent.com/pod-product-compliance
Lightning Source LLC
Chambersburg PA
CBHW052145220526
45471CB00004B/1528